# essentials

*essentials* liefern aktuelles Wissen in konzentrierter Form. Die Essenz dessen, worauf es als „State-of-the-Art" in der gegenwärtigen Fachdiskussion oder in der Praxis ankommt. *essentials* informieren schnell, unkompliziert und verständlich

- als Einführung in ein aktuelles Thema aus Ihrem Fachgebiet
- als Einstieg in ein für Sie noch unbekanntes Themenfeld
- als Einblick, um zum Thema mitreden zu können

Die Bücher in elektronischer und gedruckter Form bringen das Expertenwissen von Springer-Fachautoren kompakt zur Darstellung. Sie sind besonders für die Nutzung als eBook auf Tablet-PCs, eBook-Readern und Smartphones geeignet. *essentials:* Wissensbausteine aus den Wirtschafts-, Sozial- und Geisteswissenschaften, aus Technik und Naturwissenschaften sowie aus Medizin, Psychologie und Gesundheitsberufen. Von renommierten Autoren aller Springer-Verlagsmarken.

Weitere Bände in der Reihe http://www.springer.com/series/13088

Valentin Crastan

# Klimawirksame Kennzahlen für Amerika

## Statusreport und Empfehlungen für die Energiewirtschaft

 Springer Vieweg

Valentin Crastan
Evilard, Schweiz

ISSN 2197-6708 ISSN 2197-6716 (electronic)
essentials
ISBN 978-3-658-20438-9 ISBN 978-3-658-20439-6 (eBook)
https://doi.org/10.1007/978-3-658-20439-6

Die Deutsche Nationalbibliothek verzeichnet diese Publikation in der Deutschen Nationalbibliografie; detaillierte bibliografische Daten sind im Internet über http://dnb.d-nb.de abrufbar.

Springer Vieweg

Gedruckt auf säurefreiem und chlorfrei gebleichtem Papier

Springer Vieweg ist Teil von Springer Nature
Die eingetragene Gesellschaft ist Springer Fachmedien Wiesbaden GmbH
Die Anschrift der Gesellschaft ist: Abraham-Lincoln-Str. 46, 65189 Wiesbaden, Germany

# Was Sie in diesem *essential* finden können

- Bevölkerung und Entwicklung des Bruttoinlandprodukts aller Regionen und Länder des amerikanischen Kontinents (Kap. 1, Abschn. 1.2)
- Bruttoenergie, Endenergien, Verluste des Energiesektors und $CO_2$-Emissionen aller Regionen, in Abhängigkeit aller Energieträger und Verbraucherkategorien (Abschn. 1.3).
- Elektrizitätsproduktion und -verbrauch aller Regionen und bevölkerungsreichsten Länder (Abschn. 1.3 und Kap. 3)
- Energieflüsse von der Primärenergie über die Endenergie zu den Endverbrauchern für alle Regionen und bevölkerungsreichsten Länder (Abschn. 1.4 und Kap. 3)
- Entwicklung der wichtigsten Indikatoren wie Energieintensität, $CO_2$-Intensität der Energie und Indikator der $CO_2$-Nachhaltigkeit für alle Länder (Abschn. 1.5 bis 1.8). Detaillierte Werte der $CO_2$-Intensität der Energie für alle bevölkerungsreichen Länder (Abschn. 3.3)
- Weltweite Verteilung der für den Klimawandel verantwortlichen kumulierten $CO_2$-Emissionen (Kap. 2)
- Indikatoren- und $CO_2$-Emissionsverlauf in der Vergangenheit und notwendiger bzw. empfohlener Verlauf zur Einhaltung des 2-Grad-Ziels als Minimalziel für alle Regionen (Kap. 2)
- Für das 2-Grad-Ziel notwendige Emissionssituation in 2050 (Kap. 2)

# Vorwort

Amerika, bestehend aus Nord-, Mittel- und Süd-Amerika, weist insgesamt nahezu eine Milliarde Einwohner auf. Durch seine Ressourcen und unbegrenzten Möglichkeiten hat dieser Kontinent zunächst als Emigrationsziel die Entwicklung Europas mitgetragen, um sich dann zur wirtschaftlich stärksten und innovativsten Weltregion zu entwickeln. Nach dem eurasischen Kontinent war es deshalb naheliegend, im zweiten Band der Reihe, den mit Europa eng verbundenen amerikanischen Kontinent zu analysieren.

Je nach Region weist die topografische und wirtschaftliche Struktur und somit auch die Energiewirtschaft erhebliche Unterschiede auf. Geografisch und kulturell unterscheidet man drei Regionen, nämlich den stark entwickelten Norden und die lateinamerikanisch geprägten Mittel- und Süd-Amerika.

In Zusammenhang mit der Klimawandel-Problematik ist es von Bedeutung, die zukünftige Entwicklung der drei Regionen abzuschätzen. Anhand der verfügbaren Energie- und Wirtschaftsdaten wird mit einer knappen und anschaulichen Darstellung versucht, die notwendigen Bedingungen zu formulieren, die dem Ziel der Begrenzung der Klimaerwärmung auf 2-Grad als Minimalziel gerecht werden. Die „Kündigung" des Pariser Abkommens durch Donald Trump macht die Sache nicht leichter. Die USA sind zusammen mit Westeuropa die Hauptverantwortlichen für den Klimawandel. Aber die angestrebten mittel- bis langfristigen Klimaschutz-Ziele dürften nur wenig von vermutlich nur kurzzeitig wirksamen Fehlentscheiden beeinflusst werden.

Die Energieverantwortliche in Wirtschaft und Politik der jeweiligen Länder sowie die sich mit dem Klimaschutz befassenden Institutionen und Forschergruppen können aus den hier gegebenen Empfehlungen ihre eigenen Schlüsse ziehen und die Maßnahmen ergreifen, die notwendig sind, um das genannte Ziel zu erreichen, und möglicherweise, wie von der Klimawissenschaft gefordert, auch zu unterschreiten. Grundlagen zur weltweit notwendigen Emissionsbegrenzung bis 2050 und 2100 sind insbesondere auch im Werk „Weltweiter Energiebedarf und 2-Grad-Ziel" des Autors gegeben, das 2016 im Springer-Verlag erschienen ist.

Evilard                                                                                 Valentin Crastan
November 2017

# Inhaltsverzeichnis

# Energiewirtschaftliche Analyse

# 1

## 1.1 Einleitung

Der zweite Band der *essential*-Reihe „Klimawirksame Kennzahlen der Energiewirtschaft" fasst die Situation auf dem amerikanischen Kontinent zusammen. Amerika ist Ende des 15. Jahrhunderts von Europa „entdeckt", oder wiederentdeckt, dann besiedelt bzw. kolonisiert worden und hat sich seither progressiv zur mächtigsten Weltregion entwickelt. Amerika ist mit Europa kulturell und im Rahmen der nordatlantischen Allianz auch politisch eng verbunden.

Nach der Analyse in Kap. 1 der Entwicklung aller maßgebenden Größen wie Bevölkerung, Bruttoinlandprodukt, detaillierter Energieverbrauch und $CO_2$-Emissionen bis 2014 werden in Kap. 2 Szenarien für die künftige Entwicklung, welche die Klimaziele respektiert, dargelegt.

Sinnvoll ist die Unterteilung des Kontinents in drei Regionen, nämlich das Englisch sprechende und z. T. frankophone Nord-Amerika (USA + Kanada) sowie die beiden zu Lateinamerika, d. h. zum spanisch-portugiesischen Kulturkreis gehörendem Mittel- und Süd-Amerika. Im Unterschied zur üblichen Praxis haben wir Mexiko Mittelamerika zugeordnet.

Das für die Analyse verwendete Datenmaterial, s. auch das Literaturverzeichnis, sei nachfolgend erwähnt:

- Die statistischen Daten zur Bevölkerung und zur Verteilung des Energieverbrauchs aller Länder stammen aus den aktualisierten Berichten der Internationalen Energie Agentur (IEA) [4]. Jene über das kaufkraftbereinigte Bruttoinlandprodukt (BIP KKP) einschließlich prognostizierter Entwicklung sind dem Bericht des Internationalen Währungsfonds (IMF) entnommen [5],

© Springer Fachmedien Wiesbaden GmbH 2018
V. Crastan, *Klimawirksame Kennzahlen für Amerika,* essentials,
https://doi.org/10.1007/978-3-658-20439-6_1

der sie im Wesentlichen von der Weltbank übernimmt, mit dem Vorteil, dass
Voraussagen für die nachfolgenden sieben Jahren vorliegen.

- Das Thema Klimawandel und dessen Folgen für die Weltgemeinschaft wird
  ausführlich in den Berichten des Intergovernmental Panels on Climate Change
  (IPCC) analysiert [6, 7, 8]. Ebenso die notwendigen globalen Maßnahmen für
  den Klimaschutz. Zu den Argumenten für eine Verschärfung des 2-Grad Kli-
  maziels, d. h., um wenn möglich die 1,5 Grad Grenze einzuhalten, sei auch auf
  [9] hingewiesen.
- Die allgemeinen und für das vertiefte Verständnis der energiewirtschaftlichen Aspekte notwendigen Grundlagen sind in [3] und die zur Einhaltung des
  2-Grad- oder 1,5-Grad-Ziels notwendigen energiewirtschaftlichen Bedingungen, und dies aus der weltweiten Perspektive, sind in [2] gegeben. Allgemeine
  Grundlagen zur elektrischen Energieversorgung findet man in [1].

Die Daten und die Analyse der restlichen Weltregionen mit entsprechenden Handlungsempfehlungen findet man in den weiteren vier Bänden dieser Reihe:

1: Europa und Eurasien [10].
3: Afrika.
4: Naher Osten und Südasien.
5: Ostasien/Ozeanien.

## 1.2    Bevölkerung und Bruttoinlandprodukt

Aus geschichtlicher aber auch energiewirtschaftlicher Sicht ist es zweckmäßig
den amerikanischen Kontinent folgendermaßen zu unterteilen (Abb. 1.1):

- **Kanada + Vereinigte Staaten** (franko-angelsächsisches Nord-Amerika) sowie
  die beiden zu Lateinamerika gehörenden Subkontinente, wobei Mexiko, wie
  bereits erwähnt, Mittelamerika zugeordnet wird.
- **Mittel-Amerika** (Mexiko, Costa Rica, Kuba, Dominikanische Republik, El
  Salvador, Guatemala, Haiti, Honduras, Jamaika, Nicaragua, Panama, restliche
  Staaten).
- **Süd-Amerika** (Brasilien, Argentinien, Bolivien, Chile, Kolumbien, Ecuador,
  Paraguay, Peru, Uruguay, Venezuela, restliche Staaten).

**Der amerikanische Kontinent** weist 2014, mit nahezu einer Milliarde Einwohner
(Abb. 1.2), ein Bruttoinlandprodukt bei Kaufkraftparität BIP (KKP) von 26.300 Mrd.

**Abb. 1.1**  Amerikanischer Kontinent

US\$ auf (US\$ von $2010 = 0,90 *$ US\$ von $2005 = 1,09 *$ US\$ von 2015). Am gewichtigsten sind die Vereinigten Staaten (USA), die mit 33 % der Bevölkerung 61 % des kaufkraftbereinigten Bruttoinlandproduktes des Kontinents erbringen.

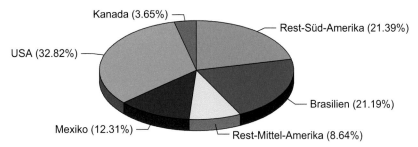

**Abb. 1.2**   Prozentuale Aufteilung der Bevölkerung Amerikas

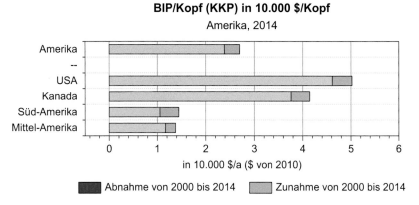

**Abb. 1.3**   BIP (KKP) pro Kopf der Länder und Subkontinente Amerikas, Änderungen seit 2000

Die Verteilung des **BIP (KKP) pro Kopf** und seine Änderung von 2000 bis 2014 zeigt Abb. 1.3. Der Mittelwert beträgt 27.000 US\$/a in 2014 und hat seit 2000 um rund 13 % zugenommen. Krass ist der Unterschied zwischen USA/Kanada und Mittel- und Süd-Amerika.

Die Bevölkerungsverteilung in **Mittel-Amerika** ist in Abb. 1.4 dargestellt. Dominierend ist Mexiko mit nahezu 60 % der Bevölkerung und 70 % des 2014 insgesamt 2800 Mrd. US\$ (\$ von 2010) betragenden BIP (KKP). Die Verteilung des kaufkraftbereinigten pro Kopf BIP der Länder Mittel-Amerikas ist detailliert

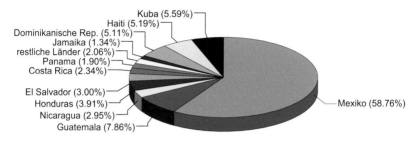

**Abb. 1.4**  Prozentuale Aufteilung der Bevölkerung Mittel-Amerikas in 2014

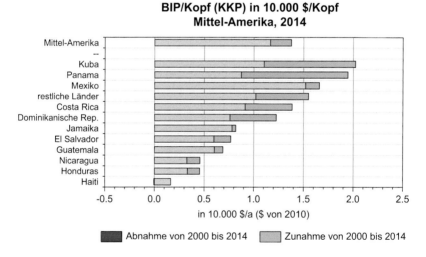

**Abb. 1.5**  BIP (KKP) pro Kopf der Länder Mittelamerikas in 2014 und Fortschritte seit 2000

in Abb. 1.5 gegeben. Der Mittelwert beträgt 13.800 US$/a und hat seit 2000 um 18 % zugenommen. Über 15.000 US$/a liegen Mexiko, Kuba, Panama sowie viele der zu den „restlichen Ländern" gehörenden Antillen-Staaten.

Die Abb. 1.6 zeigt schließlich die Bevölkerungsstruktur **Süd-Amerikas.** Sowohl demografisch als auch wirtschaftlich hat Brasilien das größte Gewicht mit 50 % der Bevölkerung und 50 % des BIP.

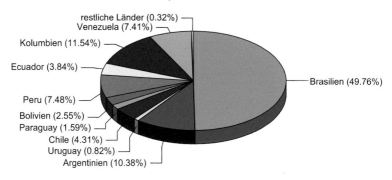

**Abb. 1.6** Prozentuale Aufteilung der Bevölkerung Süd-Amerikas in 2014

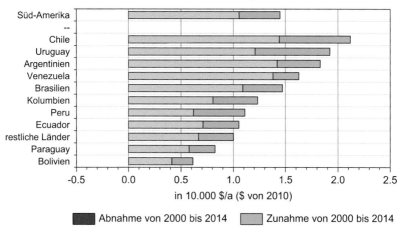

**Abb. 1.7** BIP (KKP) pro Kopf der Länder Süd-Amerikas und Fortschritte seit 2000. (zu den restlichen Ländern gehören Guyana und Surinam)

Abb. 1.7 zeigt die Verteilung des kaufkraftbereinigten BIP pro Kopf der einzelnen Länder dieses Subkontinents. Das BIP (KKP) ist 2014 insgesamt 6000 Mrd. US$ ($ von 2010), dessen Mittelwert pro Kopf beträgt 14.500 US$/a und hat seit 2000 um 38 % zugenommen. Starke Fortschritte sind vor allem in Chile und Uruguay festzustellen mit +47 % bzw. +58 %.

## 1.3    Bruttoenergie, Endenergie, Verluste des Energiesektors und entsprechende $CO_2$-Emissionen

Die **Endenergie** (100 % in Abb. 1.8) setzt sich zusammen aus vier Endenergien:

- „Wärme" (ohne Elektrizität und Fernwärme [s. dazu auch Abschn. 1.4.1]),
- Treibstoffe (ohne Elektrizität),
- Elektrizität (alle Anwendungen)
- Fernwärme.

Die **Bruttoenergie** ist die Summe der vier Endenergien und aller im **Energiesektor** entstehenden Verluste. Der Energiesektor dient der Umwandlung von Bruttoenergie in Endenergie, wobei die **Elektrizitätserzeugung** meistens die Hauptrolle spielt.

Die Energiestruktur von **USA + Kanada** und von den beiden gewichtigsten Ländern von Mittel- und Süd-Amerika, nämlich **Mexiko** und **Brasilien,** wird in Abb. 1.8 veranschaulicht. Dargestellt werden die Anteile an der Endenergie der drei **Verbrauchssektoren** (Industrie, Verkehr, Haushalte etc.) und die Anteile der verschiedenen **Energieträger** an den 4 Endenergien.

Im **Wärmebereich** werden zwischen 30 und 40 % der Endenergie verbraucht, wobei in den USA und Kanada vor allem Erdgas zum Einsatz kommt, während in Mexiko Erdöl vorherrscht. In Brasilien ist ein hoher Anteil an Biomasse zu verzeichnen. Der **Verkehrsbereich,** vom Öl dominiert, beansprucht über 40 % der Endenergie. Lediglich in Brasilien unterschreitet der Öl-Anteil diese Grenze dank Biotreibstoffen.

Unterschiede sind vor allem im **Energiesektor** festzustellen: hohe Kohleanteile in USA und hohe Erdgasanteile in Kanada. Dazu etwas Kernenergie und in Kanada auch viel Wasserkraft. In Mexiko dominieren die fossilen Brennstoffe Öl und Gas. Brasilien ist wesentlich nachhaltiger dank Wasserkraft und Biomasse. Die **Verluste des Energiesektors** betragen in % der eingesetzten Bruttoenergie: in den USA 32 %, in Mexiko 38 %, in Brasilien 25 %* (*Bemerkung: Hydroelektrizität, statt Wasserkraft, ergibt keine Verluste).

Die **Elektrizitätsproduktion** der gewichtigsten Länder ist in Abb. 1.9 detailliert veranschaulicht. Die erneuerbaren Energien (Wasserkraft, Windenergie, Fotovoltaik, Biomasse, Abfälle) bzw. die $CO_2$-armen Energien (erneuerbare Energien + Kernenergie) tragen zur Elektrizitätsproduktion wie in Tab. 1.1 dargestellt bei.

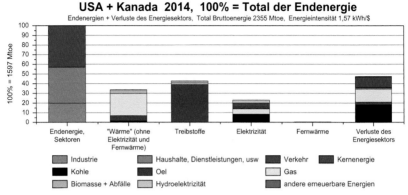

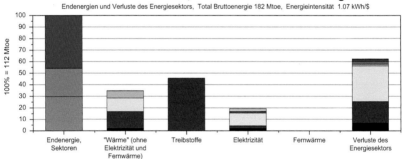

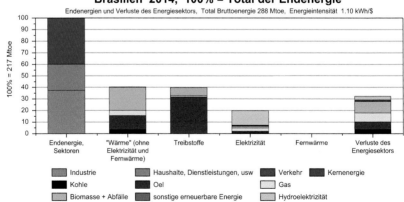

**Abb. 1.8**  Bruttoenergie (= Endenergie + Verluste des Energiesektors) der drei Länder in 2014. Endenergie besteht aus Wärme (ohne Elektrizität und Fernwärme), Treibstoffe, Elektrizität und Fernwärme

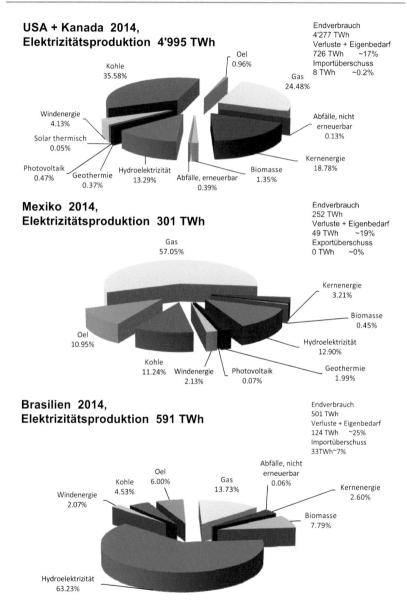

**Abb. 1.9** Elektrizitätsproduktion der wichtigsten Länder Amerikas in 2014 und entsprechende Energieträgeranteile. Import- bzw. Exportüberschuss und Verluste + Eigenbedarf in % des Endverbrauchs (s. getrennte Daten für USA und Kanada in Kap. 3, Abb. 3.1)

**Tab. 1.1** Anteil erneuerbare und $CO_2$-arme Energien

|                        | Erneuerbare Energien % | $CO_2$-arme Energien % |
|------------------------|------------------------|------------------------|
| USA + Kanada           | 20                     | 39                     |
| Mexiko                 | 18                     | 21                     |
| Restliches Mittelamerika | 33                   | 33                     |
| Brasilien              | 73                     | 76                     |
| Restliches Südamerika  | 57                     | 58                     |

Aus der Energiestruktur ergeben sich die in Abb. 1.10 dargestellten **$CO_2$-Emissionen.** In der Industrie und im Haushalt-/Dienstleitungs-/Landwirtschaftssektor sind die Emissionen durch den Elektrizitäts- und Wärmebedarf aus fossilen Energien bestimmt, im Verkehrsbereich durch die Treibstoffe (Ölderivate und Gas). Die Emissionen, die durch die Verluste im Energiesektor entstehen sind in erster Linie der Elektrizitätsproduktion zuzuschreiben. In den USA und Kanada sind die Emissionen extrem hoch, sowohl pro Kopf als auch bezogen auf die Wirtschaftsleistung. Am nachhaltigsten ist eindeutig Süd-Amerika und insbesondere Brasilien. In Kap. 3 findet man nähere Angaben auch über **Argentinien, Kolumbien und Venezuela.**

## 1.4 Energieflüsse im Jahr 2014

### 1.4.1 Energiefluss im Energiesektor

Die Abbildungen beschreiben den Energiefluss im Energiesektor von der Primärenergie über die Bruttoenergie (oder Bruttoinlandverbrauch) zur Endenergie. Primärenergie und Bruttoenergie werden durch die verwendeten **Energieträger** veranschaulicht. Alle Energien werden in Mtoe (Megatonnen Öl-Äquivalente) angegeben.

Die **Primärenergie** ist die Summe aus einheimischer Produktion und, für Regionen, Netto-Importe abzüglich Netto-Exporte von Energieträgern (für Länder effektive Importe/Exporte statt nur Netto-Importe/Exporte pro Energieträger).

Die **Bruttoenergie** ergibt sich aus der Primärenergie nach Abzug des nichtenergetischen Bedarfs (z. B. für die chemische Industrie) und eventueller Lagerveränderungen. Abgezogen werden auch die für die internationale Schiff- und Luftfahrt-Bunker benötigten Energiemengen. Die entsprechenden $CO_2$-Emissionen werden nur weltweit erfasst.

Es ist die Aufgabe des **Energiesektors,** den Verbrauchern Energie in Form von **Endenergie** zur Verfügung zu stellen. Wir unterscheiden in diesem Diagramm vier Formen von Endenergie: **Elektrizität, Fernwärme, Treibstoffe** und „**Wärme**". Letztere besteht hauptsächlich aus nichtelektrischer Heizungs- und Prozesswärme (aus fossilen oder erneuerbaren Energien) und ohne Fernwärme. Stationäre Arbeit nichtelektrischen Ursprungs kann ebenfalls enthalten sein (z. B. stationäre Gas-Benzin- oder Dieselmotoren sowie Pumpen); zumindest in Industrieländern ist dieser Anteil jedoch minimal.

Mit der Umwandlung von Bruttoenergie in Endenergie sind Verluste verbunden, die wir gesamthaft als **Verluste des Energiesektors** bezeichnen. Diese Verluste setzen sich zusammen aus den **thermischen Verlusten** in Kraftwerken (thermodynamisch bedingt) sowie in Wärme-Kraft-Kopplungsanlagen und in Heizwerken, ferner aus den **elektrischen Verlusten** im Transport- und Verteilungsnetz, einschließlich elektrischer Eigenbedarf des Energiesektors und schließlich aus den **Restverlusten** des Energiesektors (in Raffinerien, Verflüssigungs- und Vergasungsanlagen, durch Wärmeübertragung, Wärme-Eigenbedarf usw.).

Das Schema zeigt ferner die mit den Verlusten des Energiesektors und dem Verbrauch der Endenergien verbundenen, also vom Bruttoinlandverbrauch verursachten **$CO_2$-Emissionen in Mt.** Der größte Teil der Verluste des Energiesektors ist in der Regel mit der Elektrizitäts- und Fernwärmeproduktion gekoppelt, weshalb die $CO_2$-Emissionen dieser drei Faktoren zusammengefasst werden.

Eine Trennung kann mithilfe der nachfolgenden Diagramme des Endenergieflusses oder auch von Abb. 1.10 vorgenommen werden.

## 1.4.2   Energiefluss der Endenergie zu den Endverbrauchern

Die Abbildungen zeigen wie sich die vier Endenergiearten auf die drei Endverbraucherkategorien verteilen. Ebenso werden die $CO_2$-Emissionen diesen Verbrauchergruppen zugeordnet.

Die Endverbraucher sind (gemäß IEA-Statistik).

- Industrie
- Haushalt, Dienstleistungen, Landwirtschaft etc.
- Verkehr

Zur Bildung der Gesamt-Emissionen werden noch die $CO_2$-Emissionen der im Energiesektor entstehenden Verluste hinzugefügt.

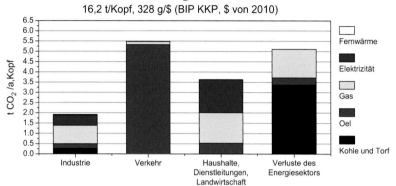

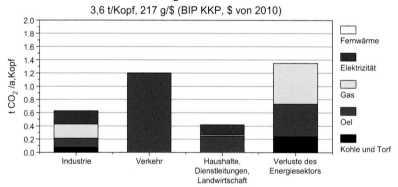

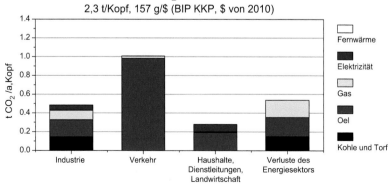

**Abb. 1.10**  $CO_2$-Ausstoß der Länder nach Verbrauchssektor und Energieträger

### 1.4.3   USA

Der Energiefluss im Energiesektor von der Primärenergie zur Endenergie und die sich ergebenden totalen $CO_2$-Emissionen sind in Abb. 1.11 für die USA dargestellt. In Abb. 1.12 wird der Energiefluss der Endenergie zu den Endverbrauchern veranschaulicht und die entsprechenden $CO_2$-Emissionen sind den Verbrauchersektoren zugeordnet.

### 1.4.4   Kanada

Die entsprechenden Diagramme für Kanada, für den Energiefluss im Energiesektor und der Endenergie zu den Verbrauchssektoren werden in den Abb. 1.13 und 1.14 dargestellt.

### 1.4.5   Mexiko

Dasselbe gilt auch für die in den Abb. 1.15 und 1.16 dargestellten Diagramme der Energieflüsse Mexikos.

### 1.4.6   Restliches Mittel-Amerika

Die Abb. 1.17 und 1.18 zeigen die entsprechenden Diagramme der Energieflüsse für das restliche Mittel-Amerika.

### 1.4.7   Brasilien

Die Abb. 1.19 und 1.20 zeigen die entsprechenden Diagramme für Brasilien.

### 1.4.8   Restliches Süd-Amerika

Dasselbe gilt auch für die in den Abb. 1.21 und 1.22 dargestellten Diagramme der Energieflüsse des restlichen Süd-Amerika. Zu den bevölkerungsreichsten und zugleich einen relativ hohen BIP aufweisenden Ländern des restlichen Südamerikas gehören **Argentinien, Kolumbien und Venezuela** (zusammen 58 % der Bevölkerung). Dazu sind detailliertere Angaben in Kap. 3 zu finden.

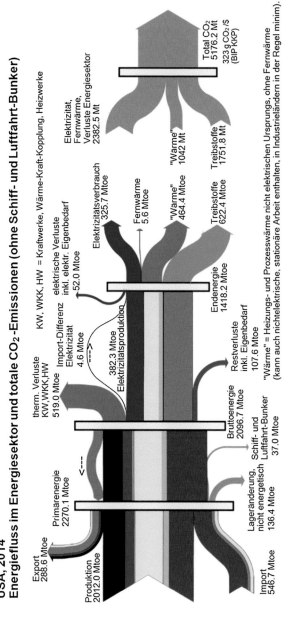

**Abb. 1.11** USA: Energiefluss im Energiesektor von der Primärenergie zur Endenergie und CO₂-Ausstoß. Die Energieträgerfarben sind wie in Abb. 1.8 und 1.10 (aber Erdöl dunkelbraun, Erdölprodukte hellbraun)

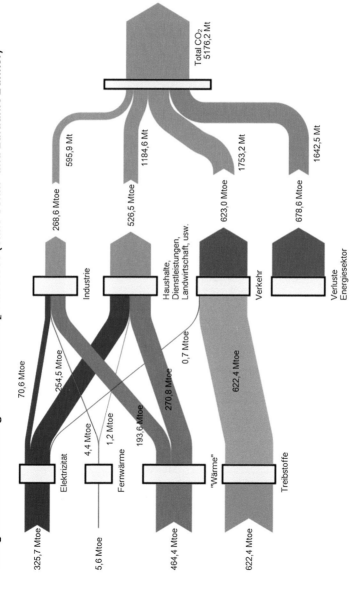

**Abb. 1.12**  USA: Energiefluss der Endenergie zu den Endverbrauchern und zugeordnete $CO_2$-Emissionen

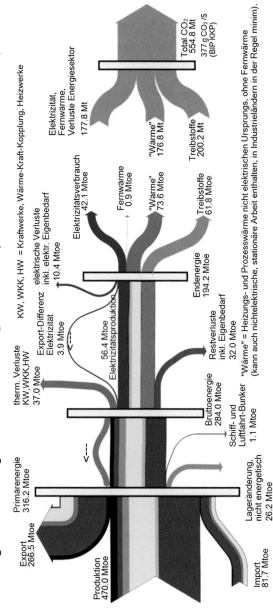

**Abb. 1.13** Kanada: Energiefluss im Energiesektor von der Primärenergie zur Endenergie und CO₂-Ausstoß. Die Energieträgerfarben sind wie in Abb. 1.8 und 1.10 (aber Erdöl dunkelbraun, Erdölprodukte hellbraun)

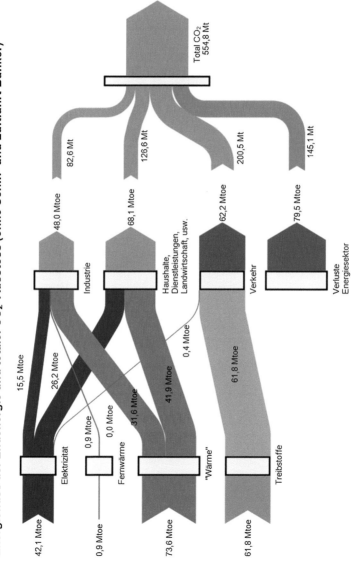

**Abb. 1.14** Kanada: Energiefluss der Endenergie zu den Endverbrauchern und zugeordnete $CO_2$-Emissionen

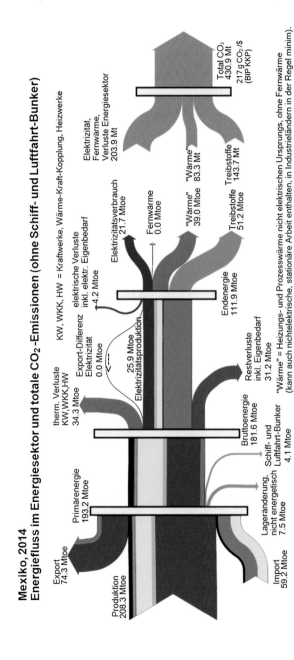

**Abb. 1.15** Mexiko: Energiefluss im Energiesektor von der Primärenergie zur Endenergie und $CO_2$-Ausstoß. Die Energieträgerfarben sind wie in Abb. 1.8 und 1.10 (aber Erdöl dunkelbraun, Erdölprodukte hellbraun)

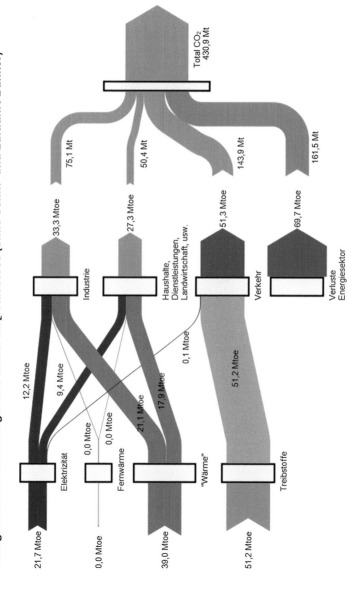

**Abb. 1.16** Mexiko: Energiefluss der Endenergie zu den Endverbrauchern und zugeordnete $CO_2$-Emissionen

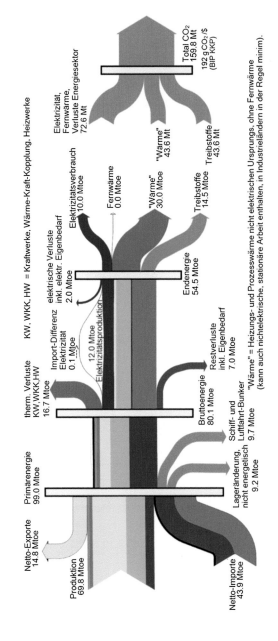

**Restliches Mittel-Amerika, 2014**
**Energiefluss im Energiesektor und totale CO₂-Emissionen (ohne Schiff- und Luftfahrt-Bunker)**

KW, WKK, HW = Kraftwerke, Wärme-Kraft-Kopplung, Heizwerke

"Wärme" = Heizungs- und Prozesswärme nicht elektrischen Ursprungs, ohne Fernwärme (kann auch nichtelektrische, stationäre Arbeit enthalten, in Industrieländern in der Regel minim).

**Abb. 1.17** Restliches Mittel-Amerika: Energiefluss im Energiesektor von der Primärenergie zur Endenergie und CO₂-Ausstoß. Die Energieträgerfarben sind wie in Abb. 1.8 und 1.10 (aber Erdöl dunkelbraun, Erdölprodukte hellbraun)

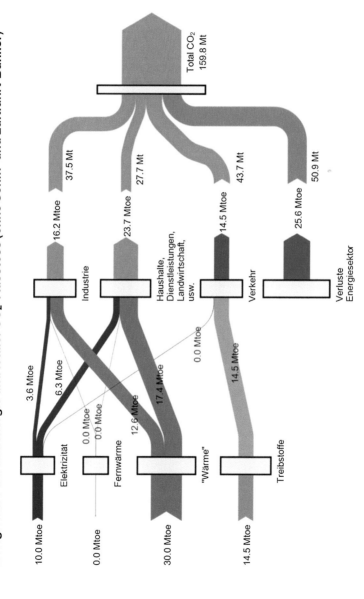

**Abb. 1.18** Restliches Mittel-Amerika: Energiefluss der Endenergie zu den Endverbrauchern und zugeordnete $CO_2$-Emissionen

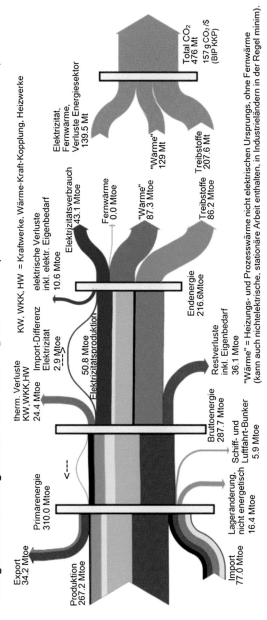

**Abb. 1.19** Brasilien: Energiefluss im Energiesektor von der Primärenergie zur Endenergie und $CO_2$-Ausstoß. Die Energieträgerfarben sind wie in Abb. 1.8 und 1.10 (Erdöl dunkelbraun, Erdölprodukte hellbraun).

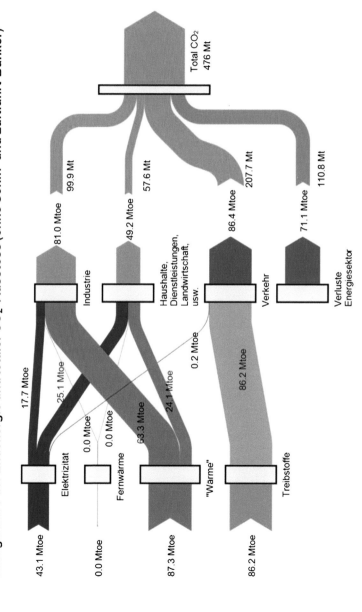

**Abb. 1.20**  Brasilien: Energiefluss der Endenergie zu den Endverbrauchern und zugeordnete $CO_2$-Emissionen

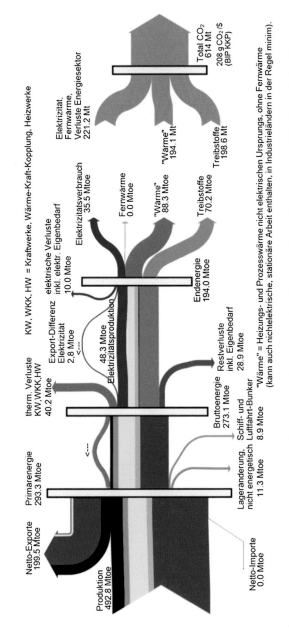

**Abb. 1.21** Rest-Süd-Amerika: Energiefluss im Energiesektor von der Primärenergie zur Endenergie und CO₂-Ausstoß. Die Energieträgerfarben sind wie in Abb. 1.8 und 1.10 (Erdöl dunkelbraun, Erdölprodukte hellbraun).

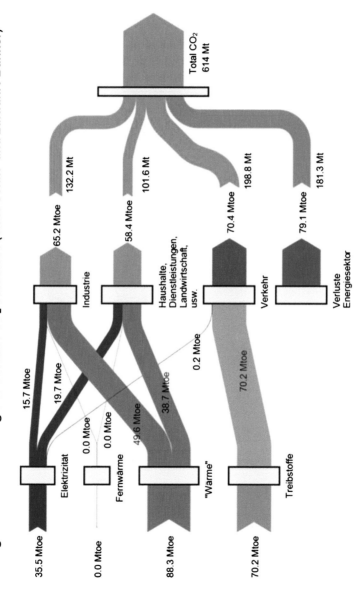

**Abb. 1.22** Restliches Süd-Amerika: Energiefluss der Endenergie zu den Endverbrauchern und zugeordnete $CO_2$-Emissionen

## 1.5    Amerika insgesamt, Indikatoren

Die Tab. 1.2 vergleicht die Indikatoren der drei Regionen.

Der Indikator g $CO_2$/$ berücksichtigt die Tatsache, dass die $CO_2$-Emissionen bei zunehmender Entwicklung der Wirtschaft und damit steigendem Energiebedarf ebenfalls steigen. Eine Entkopplung wird im Rahmen des Fortschritts zu einer nachhaltigen Wirtschaft angestrebt. Der Indikator ergibt sich als Produkt von Energieintensität (abhängig von der Energieeffizienz der Wirtschaft) und $CO_2$-Intensität der Energie.

Die Werte gewichtiger Länder sind in Tab. 1.3 gegeben. Hauptsünder bezüglich $CO_2$-Nachhaltigkeit sind Kanada, die USA und Venezuela (alle > 300 g $CO_2$/$!).

**Tab. 1.2**  Vergleich der Indikatoren in 2014 ($ von 2010)

|  | USA + Kanada | Mittelamerika (mit Mexiko) | Südamerika (mit Brasilien) | Amerika insgesamt |
|---|---|---|---|---|
| kWh/$ | 1,57 | 1,08 | 1,09 | 1,41 |
| g $CO_2$/kWh | 209 | 194 | 168 | 200 |
| g $CO_2$/$ | 328 | 210 | 182 | 282 |
| BIP (KKP) $ pro Kopf, a | 49.300 | 14.600 | 14.500 | 26.300 |
| t $CO_2$/Kopf, a | 16,2 | 2,9 | 2,7 | 7,7 |

kWh/$ = Energieintensität
g $CO_2$/kWh = $CO_2$-Intensität der Energie s. Details in Abschn. 3.3
g $CO_2$/$ = Maßstab für die Nachhaltigkeit der Wirtschaft bezüglich $CO_2$-Emissionen (kurz: Indikator der $CO_2$-Nachhaltigkeit)

**Tab. 1.3**  Prozentualer Anteil der erneuerbaren und $CO_2$-armen Elektrizitätsproduktion, im Jahr 2014, in den bevölkerungsreichsten Ländern Amerikas, sowie Indikator g $CO_2$/$. $CO_2$-arme Energien = erneuerbare Energien + Kernenergie

|  | Erneuerbar (%) | $CO_2$-arm (%) | g $CO_2$/$ (BIP KKP) |
|---|---|---|---|
| USA | 28 | 44 | 323 |
| Kanada | 63 | 80 | 377 |
| Mexiko | 18 | 21 | 217 |
| Brasilien | 73 | 76 | 157 |
| Kolumbien | 74 | 74 | 123 |
| Venezuela | 68 | 68 | 310 |
| Argentinien | 32 | 36 | 244 |
| Peru | 52 | 52 | 139 |

## 1.6 Energieintensität

Abb. 1.23 zeigt für 2014 die Energieintensität Amerikas. Der mittlere Wert von 1,4 kWh/US$ ($ von 2010) ist deutlich höher als jener Westeuropas (0,95 kWh/US$). Seit 2000 ist die Energieintensität um 0,3 kWh/US$ gesunken. Während **Mittel- und Süd-Amerika** etwa mit Osteuropa (1,14 kWh/US$) vergleichbare Werte aufweisen, muss die Energieeffizienz in den **USA** und noch ausgeprägter in **Kanada** weiterhin stark verbessert werden. Positiv zu vermerken sind immerhin die Fortschritte seit 2000.

Um das Klimaschutzziel zu erfüllen (2 °C-Ziel) wäre, für Amerika insgesamt, bis 2030 ein mittlerer Wert von etwa 1,1 kWh/US$ anzustreben (für die USA 1 bis 1,1 kWh/US$ und für Kanada 1,3 bis 1,5 kWh/US$) und bis 2050 sollten insgesamt 1 kWh/US$ unterschritten werden (s. dazu Kap. 2).

Die Energieintensität von **Mittel-Amerika** ist detaillierter in Abb. 1.24 veranschaulicht. Mit Ausnahme von Haiti und restliche Länder (Antillen) ist die Energieintensität zufriedenstellend und die Tendenz zur Verbesserung (insgesamt etwa 0,1 kWh/US$ seit 2000) ermutigend, wobei aber vor allem das stagnierende Mexiko, das eine relativ schlechte Effizienz im Energiesektor aufweist, ausschlaggebend ist. Um das Klimaschutzziel zu erfüllen (2 °C-Ziel), wäre für Mittel-Amerika insgesamt bis 2030 ein mittlerer Wert unter 1 kWh/US$ anzustreben.

Die Energieintensität **Süd-Amerikas** zeigt die Abb. 1.25. Im Durchschnitt ist sie knapp 1,1 kWh/US$ und somit angesichts des Entwicklungsrückstands zufriedenstellend, vor allem in Anbetracht der in nahezu allen Ländern deutlichen Ver-

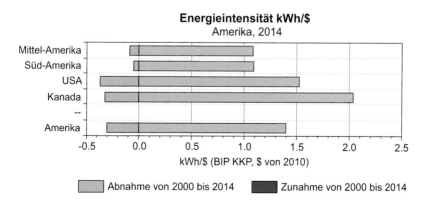

**Abb. 1.23** Energieintensität Amerikas in 2014 und Änderungen seit 2000

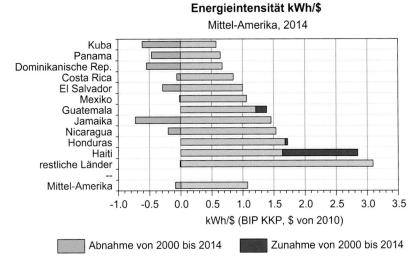

**Abb. 1.24** Energieintensität der Länder Mittel-Amerikas in 2014 und Änderungen seit 2000

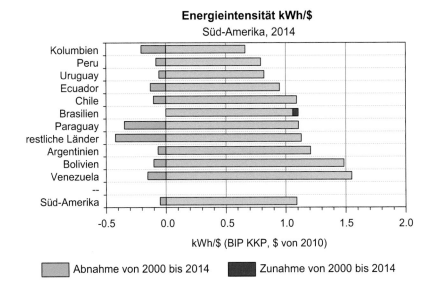

**Abb. 1.25** Energieintensität der Länder Süd-Amerikas in 2014 und Änderungen seit 2000

besserungen seit 2000. Das Bild wird etwas vom gewichtigen Brasilien getrübt, wo die umgekehrte Tendenz festzustellen ist.

Um das Klimaschutzziel zu erfüllen (2 °C-Ziel) müsste auch Brasilien versuchen, bis 2030 möglichst einen Wert von 1,1 kWh/US\$ einzuhalten und bis 2050 auf 1 kWh/US\$ zu reduzieren (s. dazu Kap. 2).

## 1.7 CO$_2$-Intensität der Energie

Die CO$_2$-Intensität **Amerikas** liegt insgesamt in 2014, mit 200 g CO$_2$/kWh (Abb. 1.26), deutlich über jene Westeuropas (175 g CO$_2$/kWh), aber unter dem Weltdurchschnitt von 216 g CO$_2$/kWh. Seit 2000 ist der Wert um 16 g CO$_2$/kWh verringert worden. Vorbildlich ist Süd-Amerika mit der weltweit geringsten CO$_2$-Intensität der Energie, dank der Elektrizitätsproduktion aus Wasserkraft. Deutlich über 200 g CO$_2$/kWh liegen die USA und somit nicht weit vom Weltdurchschnitt, was in erster Linie mit dem hohen Kohle-Anteil bei der Elektrizitätsproduktion zusammenhängt (Abb. 1.9 und Kap. 3, Abb. 3.1). Auch Kanada hat seit 2000 nur geringe Fortschritte vorzuweisen.

**Mittel-Amerika** liegt mit einem Durchschnittswert von 194 g CO$_2$/kW (Abb. 1.27) nahe dem Kontinent-Durchschnitt. Erfreulich ist die Tendenz, da dieser

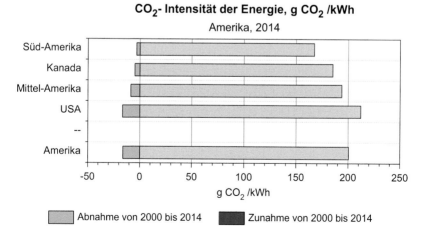

**Abb. 1.26** CO$_2$-Intensität der Energie der Regionen Amerikas in 2014 und Fortschritte seit 2000

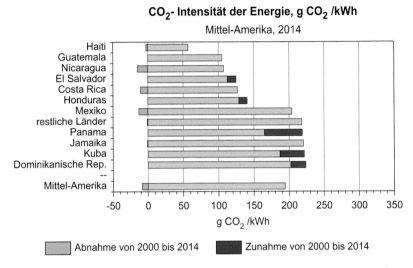

**Abb. 1.27** $CO_2$-Intensität der Energie der Länder von Mittel-Amerika in 2014 und Änderungen seit 2000

Wert seit 2000 um 9 g $CO_2$/kWh gesunken ist. Nicht alle Länder haben allerdings dazu beigetragen. Auch Mittel-Amerika müsste bis 2030 versuchen, durch Reduktion des Kohleverbrauchs, mit vermehrtem Einsatz von Gas und erneuerbaren Energien, den Wert auf 160 g $CO_2$/kWh zu reduzieren.

**Süd-Amerika** weist 2014 mit durchschnittlich 167 g $CO_2$/kWh (Abb. 1.28) vor allem dank Brasilien die weltweit beste $CO_2$-Intensität der Energie, was dem starken Einsatz von Wasserkraft zur Elektrizitätsproduktion zu verdanken ist (s. Abb. 1.9 und Kap. 3, Abb. 3.8). Die Fortschritte seit 2000 sind allerdings gering (nur −3 g $CO_2$/kWh). In erster Linie geht es darum, trotz starker Entwicklung (s. Abb. 1.7) den tiefen Wert nicht nur zu halten, sondern weiter zu verbessern: durch Vermeidung von Öl und Kohle, durch Geothermie, durch $CO_2$-arme Treibstoffe und Elektrifizierung des Verkehrs.

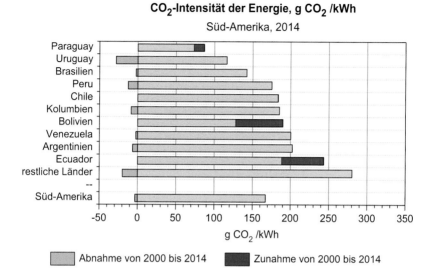

**Abb. 1.28** $CO_2$-Intensität der Energie der Länder von Süd-Amerika in 2014 und Änderungen seit 2000

## 1.8   Indikator der $CO_2$-Nachhaltigkeit

Die Nachhaltigkeit der Energieversorgung bezüglich $CO_2$-Ausstoß wird durch das Produkt von Energieintensität und $CO_2$-Intensität der Energie gut charakterisiert und somit durch den **Indikator g $CO_2$/$**. In 2014 ist der Durchschnittswert **Amerikas** (Abb. 1.29) insgesamt mit 280 g $CO_2$/$ (BIP KKP, $ von 2010) wesentlich höher als jener Westeuropas (167 g $CO_2$/$) aber deutlich niedriger als der Weltdurchschnitt von 340 g $CO_2$/$.

Die **USA** sind kein Vorzeigeland haben aber seit 2000 den Indikator immerhin um 110 g $CO_2$/$ auf 320 g $CO_2$/$ reduzieren können was ermutigend ist. Es ist zu hoffen, dass dieser Trend auch während der Trump-Administration anhält. Für 2030 wären im Rahmen des 2-Grad-Klimaziels Werte um 200 g $CO_2$/$ erstrebenswert, s. dazu Kap. 2. Noch weniger nachhaltig ist die Situation **Kanadas,** wegen schlechter Energieeffizienz (Abb. 1.23) und ungenügender Fortschritte (Abb. 1.26 und 1.29).

Den $CO_2$-Indikator **Mittel-Amerikas** zeigt die Abb. 1.30. Der Wert übersteigt noch die 200 g $CO_2$/$ Marke trotz Abnahmen in den meisten Ländern, darunter, und dies sei positiv vermerkt, im gewichtigen **Mexiko.** Für 2030 sind im Einklang

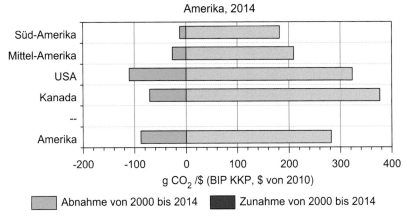

**Abb. 1.29**  $CO_2$-Nachhaltigkeits-Indikator der Länder Amerikas in 2014 und Fortschritte seit 2000

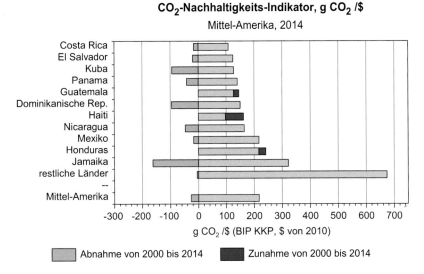

**Abb. 1.30**  $CO_2$-Nachhaltigkeits-Indikator der Länder Mittel-Amerikas in 2014 und Änderungen seit 2000

mit dem 2-Grad-Klimaziel Werte deutlich unter 200 g $CO_2$/\$ anzustreben (Kap. 2, Abb. 2.12 und 2.16).

**Süd-Amerika** ist weltweit betrachtet, zusammen mit Westeuropa, der nachhaltigste Subkontinent. Viele Länder liegen bereits unter der 200 g $CO_2$/\$ -Marke und haben seit 2000 Fortschritte zu verzeichnen (Abb. 1.31). Als wichtigstes Land müsste auch **Brasilien** mitziehen, um für 2030 und für das gesamte Süd-Amerika einen Wert von 1,2 * 130 ~ 160 g $CO_2$/\$ zu gewährleisten (Kap. 2, Abb. 2.20 und 2.24). Entgegengesetzte Tendenzen sind seit 2000 leider in Bolivien und Ecuador festzustellen (Abb. 1.31). Venezuela ist trotz leichter Fortschritte immer noch wenig nachhaltig, wegen zu hoher Energieintensität und keiner Verbesserung der $CO_2$-Intensität der Energie (Abb. 1.25 und 1.28).

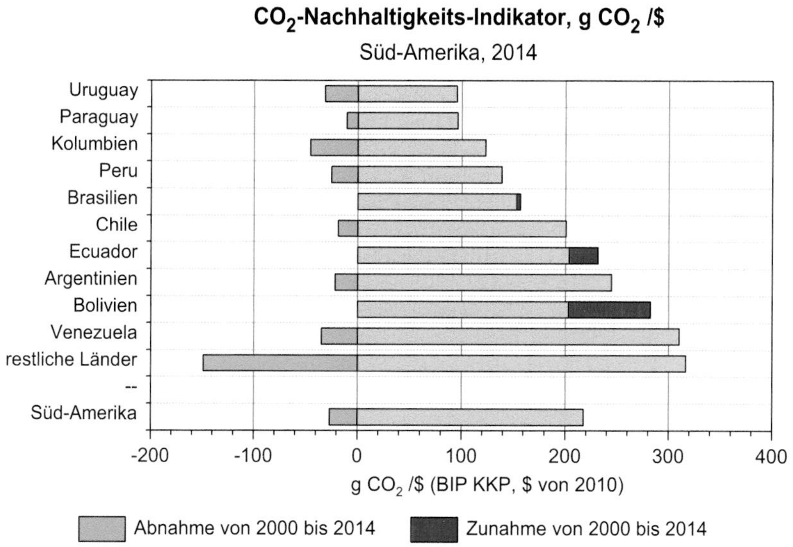

**Abb. 1.31**  $CO_2$-Nachhaltigkeits-Indikator der Länder Süd-Amerikas in 2014 und Änderungen seit 2000

# CO$_2$-Emissionen und Indikatoren bis 2014 und notwendiges Szenario zur Einhaltung des 2-Grad-Ziels

**2**

Die Abb. 2.1 zeigt die Anteile der Weltregionen an den weltweiten, für den Klimawandel ausschlaggebenden, **kumulierten Emissionen von 1971 bis 2014.** Die stark industrialisierten Länder sind eindeutig die Hauptverursacher des Klimawandels wie die Abb. 2.2 noch etwas detaillierter zeigt. Zu den 262 Gt kumulierten Kohlenstoff-Emissionen von 1971 bis 2014 kommen noch etwa 100 Gt von 1870 bis 1971 hinzu, letztere in erster Linie von Europa und USA verursacht. Seit Beginn der Industrialisierung sind also **362 Gt C** an die Atmosphäre abgegeben worden. Für das 2-Grad-Ziel sind bis 2100 maximal **800 Gt C** zulässig, für das 1,5-Grad-Ziel nur **550 Gt C** [2].

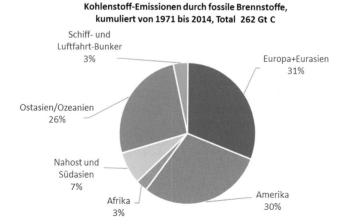

**Abb. 2.1** Prozent-Anteile der kumulierten Kohlenstoff-Emissionen von 1971 bis 2014. Gt C = Gigatonnen Kohlenstoff (1 Gt C = 3.67 Gt CO$_2$)

© Springer Fachmedien Wiesbaden GmbH 2018
V. Crastan, *Klimawirksame Kennzahlen für Amerika,* essentials,
https://doi.org/10.1007/978-3-658-20439-6_2

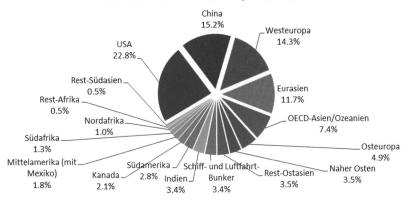

**Abb. 2.2**   Verursacher der kumulierten Emissionen seit 1971

## 2.1   USA

Ein mit dem 2-Grad-Ziel kompatibles Szenario bis 2050 für die USA zeigt Abb. 2.3. Der entsprechende Verlauf der Indikatoren ist in Abb. 2.4 wiedergegeben. Die Trends von Energieeffizienz und $CO_2$-Intensität der Energie sind beide bis 2030 mindestens zu behalten bzw. zu verbessern.

Die Variante *a* ist vor allem anzustreben. Sie würde bei verstärkter Reduktionstendenz der Indikatoren ab 2030 auch Ziele unter 2 °C (z. B. 1,5 °C) ermöglichen.

Die dazu notwendigen prozentualen jährlichen Änderungen bis 2030 für die beiden Varianten *a* und *b* [2] sind detaillierter in Abb. 2.5 wiedergegeben.

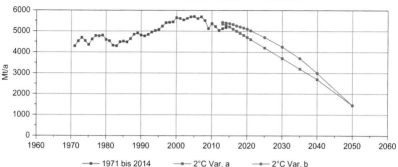

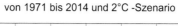

**Abb. 2.3** Mit dem 2-Grad-Ziel kompatibles Emissions-Szenario für die USA

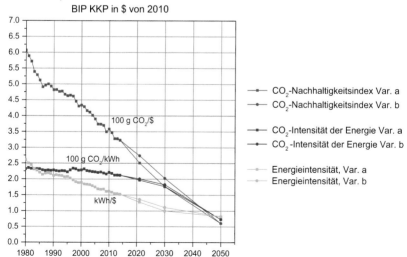

**Abb. 2.4** Indikatoren-Verlauf von 1980 bis 2014 und mit dem 2 °C-Ziel kompatibler Verlauf bis 2050

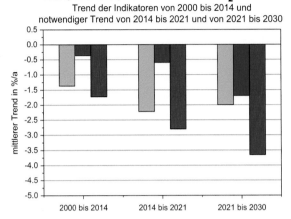

## USA, 2°C-Ziel, Var. *a* : 3700 Mt $CO_2$ in 2030
### Trend der Indikatoren von 2000 bis 2014 und notwendiger Trend von 2014 bis 2021 und von 2021 bis 2030

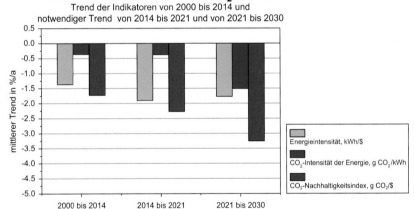

## USA, 2°C-Ziel, Var. *b* : 4250 Mt $CO_2$ in 2030
### Trend der Indikatoren von 2000 bis 2014 und notwendiger Trend  von 2014 bis 2021 und von 2021 bis 2030

Energieintensität, kWh/$

$CO_2$-Intensität der Energie, g $CO_2$/kWh

$CO_2$-Nachhaltigkeitsindex, g $CO_2$/$

**Abb. 2.5**  Indikatoren-Trend in %/a von 2000 bis 2014 und notwendige Trendänderung ab 2014 zur Einhaltung des 2-Grad-Ziels für die Varianten *a* und *b*

Der zugehörige Verlauf der pro Kopf Indikatoren für das kaufkraftbereinigte Bruttoinlandprodukt, die Bruttoenergie und den $CO_2$-Ausstoß sind schließlich in Abb. 2.6 dargestellt, für 1980 bis 2014 und entsprechend dem 2-Grad-Szenario.

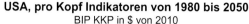

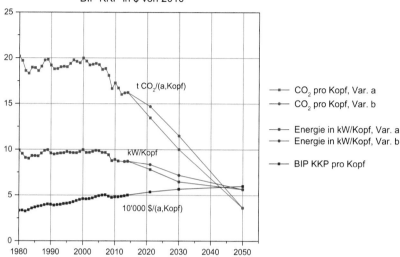

**Abb. 2.6** Pro Kopf Indikatoren der USA von 1980 bis 2014 und 2-Grad-Szenario bis 2030

## 2.2 Kanada

Ein mit dem 2-Grad-Ziel kompatibles Szenario bis 2050 für Kanada zeigt Abb. 2.7. Die in den letzten Jahren steigende Emissions-Tendenz muss gebrochen werden und einer deutlichen und konstanten Minderung Platz machen. Der entsprechende Verlauf der Indikatoren ist in Abb. 2.8 wiedergegeben.

Der Nachhaltigkeitsindikator ist 2014 mit rund 380 g $CO_2$/$ weltweit gesehen immer noch sehr hoch und hat sich seit 2000 nur um 70 g $CO_2$/$ verbessert. Durch weitere Verbesserung der Energieintensität und etwas zeitverzögert auch der $CO_2$-Intensität der Energie (Abb. 2.8), sollten bis 2030 etwa 210 g $CO_2$/$ und bis 2050 durch starke Umstellung auf erneuerbare Energien auch im Wärme und Verkehrsbereich sogar 100 g $CO_2$/$ deutlich unterschritten werden können.

Die dazu notwendigen prozentualen jährlichen Änderungen bis 2030 für die beiden Varianten sind detaillierter in Abb. 2.9 wiedergegeben. Die Variante *a* ist vor allem anzustreben. Sie würde bei verstärkter Reduktionstendenz der Indikatoren ab 2030 auch Ziele unter 2 °C (z. B. 1,5 °C) ermöglichen.

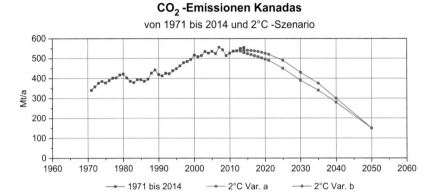

**Abb. 2.7**  Mit dem 2-Grad-Ziel kompatibles Emissions-Szenario für Kanada

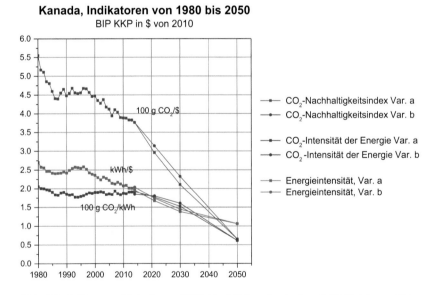

**Abb. 2.8**  Indikatoren-Verlauf von 1980 bis 2014 und mit dem 2 °C-Ziel kompatibler Verlauf bis 2050

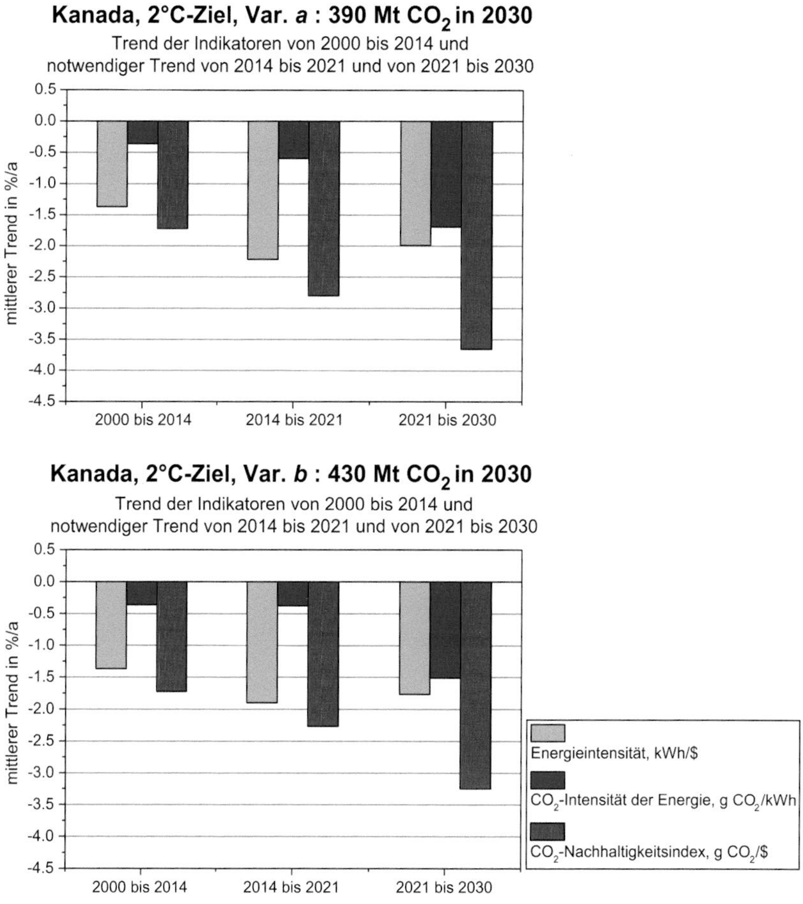
Kanada, 2°C-Ziel, Var. a : 390 Mt CO2 in 2030
Trend der Indikatoren von 2000 bis 2014 und
notwendiger Trend von 2014 bis 2021 und von 2021 bis 2030
mittlerer Trend in %/a
0.5
0.0
-0.5
-1.0
-1.5
-2.0
-2.5
-3.0
-3.5
-4.0
-4.5
2000 bis 2014
2014 bis 2021
2021 bis 2030
Kanada, 2°C-Ziel, Var. b : 430 Mt CO2 in 2030
Trend der Indikatoren von 2000 bis 2014 und
notwendiger Trend von 2014 bis 2021 und von 2021 bis 2030
mittlerer Trend in %/a
Energieintensität, kWh/$
CO2-Intensität der Energie, g CO2/kWh
CO2-Nachhaltigkeitsindex, g CO2/$

**Abb. 2.9** Indikatoren-Trend in %/a von 2000 bis 2014 und notwendige Trendänderung ab 2014 zur Einhaltung des 2-Grad-Ziels für die Varianten *a* und *b*

Der zugehörige Verlauf der pro Kopf Indikatoren für das kaufkraftbereinigte Bruttoinlandprodukt, die Bruttoenergie und den $CO_2$-Ausstoß sind schließlich in Abb. 2.10 dargestellt, für 1980 bis 2014 und entsprechend dem 2-Grad-Szenario.

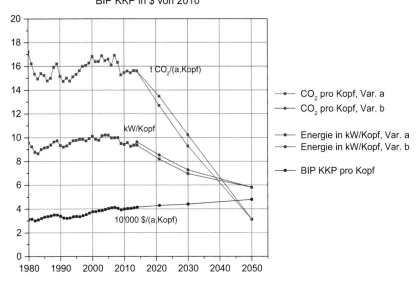

**Abb. 2.10**   Pro Kopf Indikatoren Kanadas von 1980 bis 2014 und 2-Grad-Szenario bis 2050

## 2.3   Mexiko

Ein mit dem 2-Grad-Ziel kompatibles Szenario bis 2050 für Mexiko, für die Energiewirtschaft wichtigstes Land von Mittelamerika, ist in Abb. 2.11 dargestellt. Der entsprechende Verlauf der Indikatoren ist in Abb. 2.12 wiedergegeben. Der CO$_2$-Nachhaltigkeitsindikator konnte, vor allem dank der Verbesserung der CO$_2$-Intensität der Energie in den letzten Jahren, sogar leicht reduziert werden. Bis 2030 sollte in erster Linie eine Reduktion der Energieintensität angestrebt werden durch Verbesserung der Effizienz, vor allem im Energiesektor, danach auch der CO$_2$-Intensität der Energie durch starke Förderung CO$_2$-armer Energien mit Zielwert unter 100 g CO$_2$/kWh für 2050. Die Geothermie könnte wesentliche Beiträge leisten.

Die bis 2030 notwendigen prozentualen jährlichen Änderungen der Indikatoren für die beiden Varianten sind detaillierter in Abb. 2.13 wiedergegeben. Die

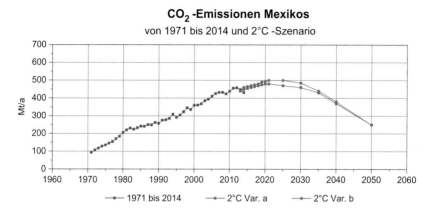

**Abb. 2.11** Mit dem 2-Grad-Ziel kompatibles Szenario für Mexiko

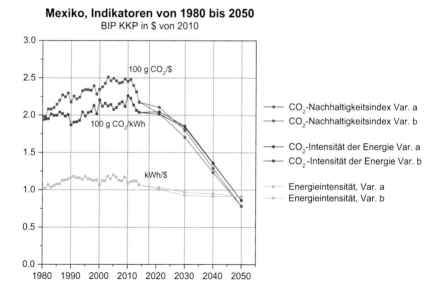

**Abb. 2.12** Indikatoren-Verlauf von 1980 bis 2014 und mit dem 2 °C-Ziel kompatibler Verlauf bis 2050

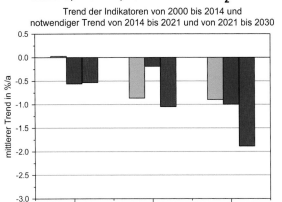

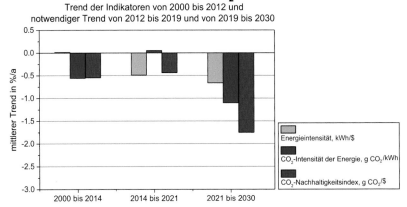

**Abb. 2.13** Indikatoren-Trend in %/a von 2000 bis 2014 und für Mexiko notwendige Trendänderung ab 2014 zur Einhaltung des 2-Grad-Ziels für die Varianten *a* und *b*

Variante *a* ist vor allem anzustreben da sie bei starker Anstrengung ab 2030 Zielwerte unter 2 °C eher möglich macht.

Der zugehörige Verlauf der pro Kopf-Indikatoren für das kaufkraftbereinigte Bruttoinlandprodukt, die Bruttoenergie und den $CO_2$-Ausstoß sind schließlich in Abb. 2.14 dargestellt, für 1980 bis 2014 und entsprechend dem

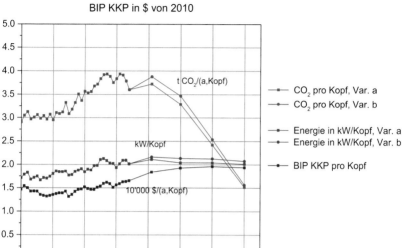

**Abb. 2.14**   Pro Kopf Indikatoren Mexikos von 1980 bis 2014 und 2-Grad-Szenario bis 2050

2-Grad-Szenario. Mexiko hat bei zielbewusster Anstrengung alle Vorausset-zungen, um als Beispiel für die Realisierung der 2000-Watt-Gesellschaft in die Geschichte einzugehen.

## 2.4   Restliches Mittel-Amerika

Ein mit dem 2-Grad-Ziel kompatibles Szenario bis 2050 für das restliche Mit-telamerika ist in Abb. 2.15 dargestellt. Der entsprechende Verlauf der Indikatoren ist in Abb. 2.16 wiedergegeben. Die seit 2000 deutliche Verbesserung des $CO_2$-Nachhaltigkeitsindikators, vor allem dank Verbesserung der Energieintensität, soll weitergeführt werden. Eine Trendwende sollte auch für die $CO_2$-Intensität der Energie erfolgen, durch starke Förderung $CO_2$-armer Energien, mit Zielwert 100 g $CO_2$/kWh für 2050.

Die bis 2030 notwendigen prozentualen jährlichen Änderungen der Indi-katoren für die beiden Varianten sind detaillierter in Abb. 2.17 wiedergegeben.

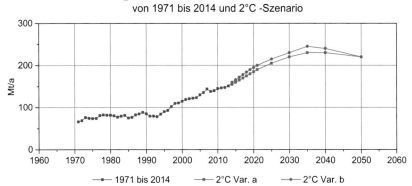

**Abb. 2.15**  Mit dem 2-Grad-Ziel kompatibles Szenario für das restliche Mittelamerika

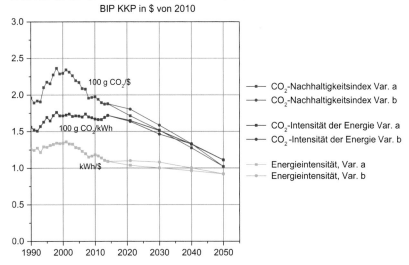

**Abb. 2.16**  Indikatoren-Verlauf von 1990 bis 2014 und mit dem 2 °C-Ziel kompatibler Verlauf bis 2050

**Rest-Mittelamerika, 2°C-Ziel, Var. *a* : 220 Mt CO$_2$ in 2030**

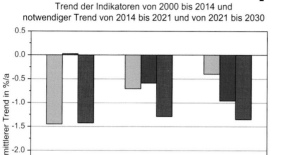

**Rest-Mittelamerika, 2°C-Ziel, Var. *b* : 230 Mt CO$_2$ in 2030**

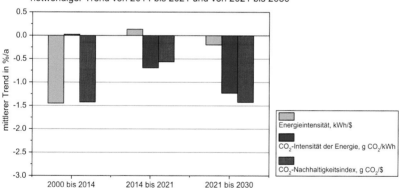

**Abb. 2.17** Indikatoren-Trend in %/a von 2000 bis 2014 und für das restliche Mittelamerika notwendige Trends ab 2014 zur Einhaltung des 2-Grad-Ziels für die Varianten *a* und *b*

Die Variante *a* ist vor allem anzustreben, da sie bei stärkerer Anstrengung ab 2030 Zielwerte unter 2 °C eher möglich macht.

Der zugehörige Verlauf der pro Kopf Indikatoren für das kaufkraftbereinigte Bruttoinlandprodukt, die Bruttoenergie und den CO$_2$-Ausstoß sind schließlich in Abb. 2.18 dargestellt, für 1980 bis 2014 und entsprechend dem 2-Grad-Szenario.

**Rest-Mittelamerika, pro Kopf Indikatoren von 1990 bis 2050**
BIP KKP in $ von 2010

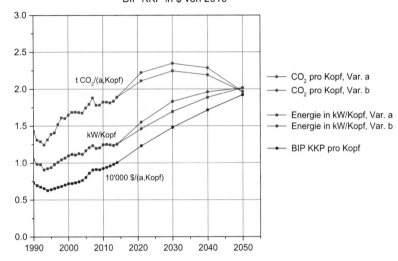

Abb. 2.18  Pro Kopf Indikatoren des restlichen Mittelamerikas von 1990 bis 2014 und 2-Grad-Szenario bis 2050

## 2.5    Brasilien

Ein mit dem 2-Grad-Ziel kompatibles Szenario bis 2050 für Brasilien, als energiewirtschaftlich gesehen wichtigstes Land Südamerikas, ist in Abb. 2.19 dargestellt. Der entsprechende Verlauf der Indikatoren ist in Abb. 2.20 wiedergegeben. Obwohl Brasilien im weltweiten Vergleich bezüglich des CO$_2$-Ausstoßes eher als nachhaltig betrachtet werden kann, haben die Emissionen in den letzten Jahren unverhältnismäßig stark zugenommen, was auf die Verschlechterung der Energieintensität als auch der CO$_2$-Intensität der Energie zurückzuführen ist. Der Nachhaltigkeitsindikator, der 2009 auf nahezu 120 g CO$_2$/$ gesunken war, ist bis 2014 auf 160 g CO$_2$/$ geklettert. Zumindest eine Stabilisierung auf diesen Wert bis 2030 und dann bis 2050 eine Reduktion auf Werte deutlich unter 80 g CO$_2$/$ ist zum Erreichen oder Unterschreiten des 2 °C-Ziels notwendig.

Die bis 2030 notwendigen prozentualen jährlichen Änderungen der Indikatoren für die beiden Varianten *a* und *b* sind detaillierter in Abb. 2.21 wiedergegeben. Eine Tendenzänderung ist spätestens ab 2020 sowohl für die Energieintensität als auch für die CO$_2$-Intensität der Energie notwendig.

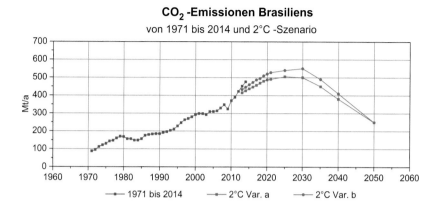

**Abb. 2.19**  Mit dem 2-Grad-Ziel kompatibles Szenario für Brasilien

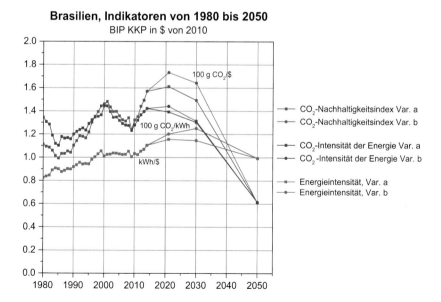

**Abb. 2.20**  Indikatoren von 1980 bis 2014 und mit dem 2 °C-Ziel kompatibler Verlauf bis 2050

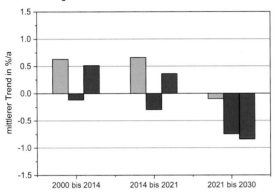

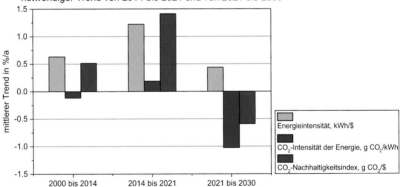

**Abb. 2.21** Indikatoren-Trend in %/a von 2000 bis 2014 und für Brasilien notwendige Trendänderung ab 2014 zur Einhaltung des 2-Grad-Ziels für die Varianten *a* und *b*

Der zugehörige Verlauf der pro Kopf Indikatoren für das kaufkraftbereinigte Bruttoinlandprodukt, die Bruttoenergie und den $CO_2$-Ausstoß sind schließlich in Abb. 2.22 dargestellt, für 1980 bis 2014 und entsprechend dem 2-Grad-Szenario. Die Abschwächung des BIP für 2020 entspricht den Voraussagen des Internationalen Währungsfonds.

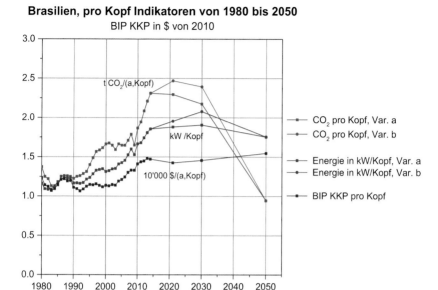

**Abb. 2.22** Pro Kopf Indikatoren Brasiliens von 1980 bis 2014 und 2-Grad-Szenario bis 2050

## 2.6   Restliches Süd-Amerika

Ein mit dem 2-Grad-Ziel kompatibles Szenario bis 2050 für das restliche Süd-amerika ist in Abb. 2.23 dargestellt. Der entsprechende Verlauf der Indikatoren ist in Abb. 2.24 wiedergegeben. Die Beibehaltung der guten Energieintensität und deren anschließende weitere Verminderung sowie eine Trendwende bei der $CO_2$-Intensität der Energie sind zur Einhaltung der Ziele notwendig. Vor allem Länder wie Venezuela, Kolumbien und Argentinien sind diesbezüglich entscheidend (s. dazu auch Kap. 3).

Der Nachhaltigkeitsindikator, heute über 200 g $CO_2$/\$, sollte bis 2030 die 180 g $CO_2$/\$-Marke unterschreiten. Bis 2050 wäre eine Reduktion auf 90 g $CO_2$/\$ zum Erreichen oder Unterschreiten des 2 °C-Ziels notwendig.

Die bis 2030 notwendigen prozentualen jährlichen Änderungen der Indika-toren für die beiden Varianten *a* und *b* sind detaillierter in Abb. 2.25 wiederge-geben. Eine Tendenzänderung ist vor allem für die $CO_2$-Intensität der Energie notwendig.

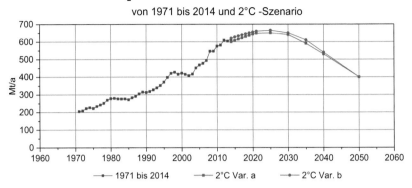

**Abb. 2.23**  Mit dem 2-Grad-Ziel kompatibles Szenario für das restliche Südamerika

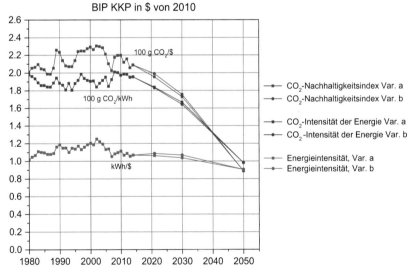

**Abb. 2.24**  Indikatoren von 1980 bis 2014 und mit dem 2 °C-Ziel kompatibler Verlauf bis 2050

**Rest-Südamerika, 2°C-Ziel, Var. *a* : 640 Mt CO$_2$ in 2030**

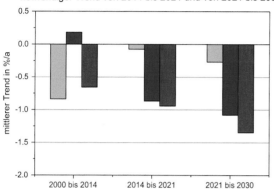

**Rest-Südamerika, 2°C-Ziel, Var. *b* : 650 Mt CO$_2$ in 2030**

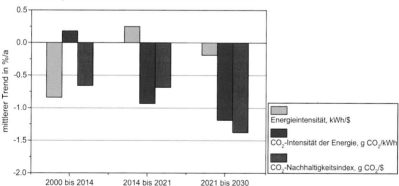

**Abb. 2.25**  Indikatoren-Trend in %/a von 2000 bis 2014 und für das restliche Südamerika notwendige Trendänderungen ab 2014 zur Einhaltung des 2-Grad-Ziels für die Varianten *a* und *b*

Der zugehörige Verlauf der pro Kopf-Indikatoren für das kaufkraftbereinigte Bruttoinlandprodukt, die Bruttoenergie und den CO$_2$-Ausstoß sind schließlich in Abb. 2.26 dargestellt, für 1980 bis 2014 und entsprechend dem 2-Grad-Szenario. Das BIP für 2021 entspricht den Voraussagen des Internationalen Währungsfonds.

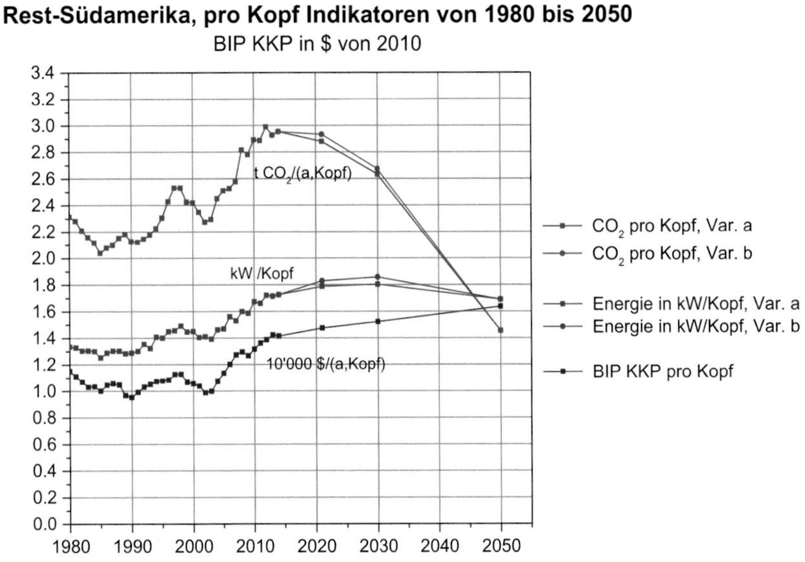

**Rest-Südamerika, pro Kopf Indikatoren von 1980 bis 2050**

BIP KKP in $ von 2010

Legend:
- CO₂ pro Kopf, Var. a
- CO₂ pro Kopf, Var. b
- Energie in kW/Kopf, Var. a
- Energie in kW/Kopf, Var. b
- BIP KKP pro Kopf

**Abb. 2.26** Pro Kopf Indikatoren des restlichen Südamerikas von 1980 bis 2014 und 2-Grad-Szenario bis 2050

## 2.7    Zusammenfassung

Die Abb. 2.27 und 2.28 geben die notwendige Änderung in % des Indikators g $CO_2$/$ von 2014 bis 2030, für die beiden Varianten *a* und *b,* um das 2 °C-Klimaziel zu erreichen.

Die **grüne Linie** entspricht der im **Mittel weltweit notwendigen Reduktion des Indikators** [2]. Die strengere Variante *a* ist wenn möglich anzustreben. Die Variante *b* ist großzügiger, hat aber den Nachteil, dass ab 2030 umso größere Anstrengungen notwendig werden, um das 2 °C-Ziel überhaupt zu erreichen. Mit der Variante *a* liegen auch Ziele unter 2 °C drin, z. B. 1,5 °C, aber nur mit verstärkten Anstrengungen spätestens ab 2030.

Die **roten Werte** geben, in Übereinstimmung mit der vorangehenden Analyse, die **empfohlene Änderung** für die USA, Kanada, Mexiko, das restliche Mittelamerika, Brasilien und das restliche Südamerika. USA, Kanada, Mexiko und Brasilien erbringen zusammen mit 70 % der Bevölkerung 86 % des BIP (KKP) des amerikanischen Kontinents und verursachen 90 % der $CO_2$-Emissionen. Der Wert der USA ist angesichts des Gewichts dieses Landes besonders zentral und es

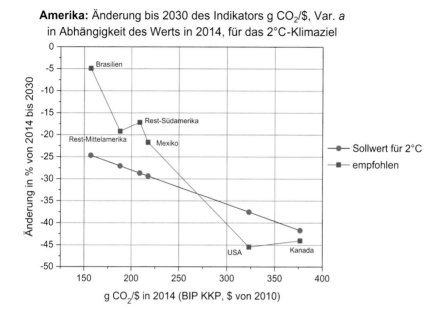

**Abb. 2.27** Notwendige Änderung des Indikators g $CO_2$/$, um das 2 °C-Klimaziel zu erreichen, Variante *a*

müsste alles getan werden, um auch die Trump-Administration von der Notwendigkeit zu überzeugen die entsprechende Reduktion der $CO_2$-Emissionen mindestens einzuhalten.

**Ziele unter 2 °C**

Nur mit der Variante *a* liegen auch **Ziele unter 2 °C drin, z. B. 1,5 °C,** mit verstärkten Anstrengungen ab 2030. Für das 1,5 °C Ziel dürfen bis 2100 die kumulierten Emissionen seit 1870 höchstens 550 Gt C betragen [2]. Da weltweit bis 2030, selbst mit der strengeren Variante *a*, die kumulierten Emissionen bereits 500 Gt C erreichen, verbleibt eine Reserve von nur 50 Gt C, was 180 Gt $CO_2$ entspricht. Eine schärfere Gangart schon ab 2020 und die Hilfe sogenannter „negativer Emissionen" [2] dürften notwendig werden. Ohne die Mitwirkung der USA ist dieses Ziel schwer erreichbar.

**Amerika:** Änderung bis 2030 des Indikators g $CO_2$/$, Var. *b* in Abhängigkeit des Werts in 2014, für das 2°C-Klimaziel

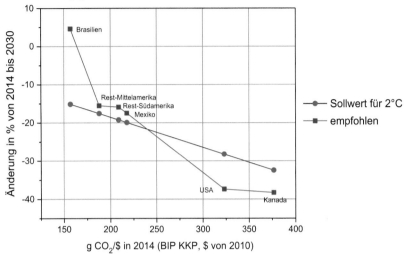

**Abb. 2.28** Notwendige Änderung des Indikators g $CO_2$/$, um das 2 °C-Klimaziel zu erreichen, Variante *b*

$CO_2$-Emissionen durch fossile Brennstoffe, 2014: Total 32 Gt

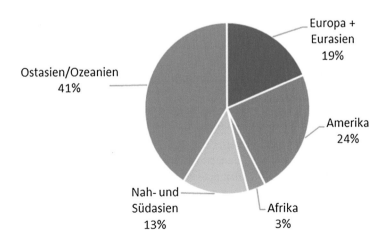

**Abb. 2.29** Prozent-Anteile der fünf Weltregionen an den $CO_2$-Emissionen in 2014

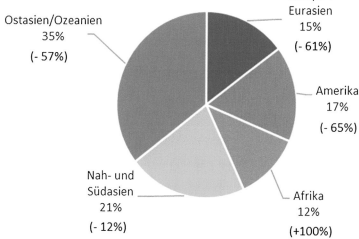

**Abb. 2.30** Prozent-Anteile der CO$_2$-Emissionen in 2050, 2-Grad-Klimaziel

Die rasche und starke Verbesserung der CO$_2$-Nachhaltigkeit zur Gewährleistung mindestens des 2-Grad-Ziels erfordert:

- Bei Heizwärme- und Kühlung: bessere **Gebäudeisolation,** Ersatz von Ölheizungen durch Gasheizungen und vor allem durch **Wärmepumpenheizungen,** sowie durch möglichst **CO$_2$-frei erzeugte Fernwärme** und **Solar-Warmwasser.** Kühlung mit **Erdsonden und CO$_2$-arm erzeugte Elektrizität.**
- Bei Prozesswärme: Ersatz fossiler Energieträger soweit möglich durch **CO$_2$-arm erzeugte Elektrizität** und **Solarwärme.**
- Im Verkehr: **effizientere** Motoren und fortschreitende **Elektrifizierung:** Bahnverkehr, Elektro- und Hybridfahrzeuge für den Privat- und Warenverkehr. Letztere sind sehr sinnvoll ab einer **CO$_2$-armen Elektrizitätsproduktion** von mindestens 50 % (s. dazu Tab. 1.3).
- Dazugehörende wichtigste Maßnahme ist somit die rasch fortschreitende Entwicklung zu einer möglichst **CO$_2$-freien Elektrizitätsproduktion.** Diese kann durch erneuerbare Energien, durch Kernenergie und wenn nötig durch

CCS erreicht werden. Ebenso nötig ist die Anpassung der Netze und Speicherungstechniken an die hohe Variabilität von Solar- und Windenergie.

Die Abb. 2.29 zeigt den Anteil von Amerika und der übrigen Weltregionen an den weltweiten $CO_2$-Emissionen durch fossile Brennstoffe im Jahr 2014.

Die Abb. 2.30 zeigt, wie sich diese Anteile bis 2050 verändern werden, wenn die für das 2-Grad-Klimaziel notwendige Halbierung der Gesamtemissionen bis 2050 erzielt wird (in Klammern notwendige Änderung der effektiven Emissionen relativ zu 2014).

# Weitere Daten der Länder Amerikas

3

## 3.1 Elektrizitätsproduktion und -verbrauch in Kanada und USA

Die detaillierten Energieflüsse sind in Abschn. 1.4 gegeben worden. Für Elektrizitätsproduktion und Anteile der erneuerbaren und $CO_2$-armen Energien s. Abb. 3.1 und Tab. 3.1.

Die $CO_2$-Nachhaltigkeit der Elektrizitätsproduktion von Kanada ist dank Wasserkraft und Kernenergie bereits gut. Der Kohle-Anteil müsste durch erneuerbare Energien ersetzt werden. Hauptproblem von Kanada ist die Energieeffizienz s. Abschn. 1.6. Die USA haben bezüglich Emissionen einen erheblichen Nachholbedarf (der Kohleanteil ist viel zu hoch).

## 3.2 Argentinien, Kolumbien, Venezuela

### 3.2.1 Energieflüsse in Argentinien (Abb. 3.2 und 3.3), Einwohnerzahl 43 Mio

Mit einem Indikator der $CO_2$-Nachhaltigkeit von 244 g $CO_2$/\$ liegt Argentinien an der drittletzten Stelle der Rangliste Südamerikas (Abb. 1.31). Für Details zu den Indikatoren s. Abschn. 3.3.

Argentinien ist bezüglich Energieträger relativ autark (Abb. 3.2). Bei Zunahme des Energieverbrauchs sollte man, anstatt fossile Energien zu importieren, durch Förderung aller erneuerbaren Energien (eischließlich Geothermie) und evtl. auch mit Verstärkung der Kernenergie die $CO_2$-Nachhaltigkeit verbessern, s. dazu auch Abschn. 3.3. Auch eine Elektrifizierung des Verkehrs wäre dann zur Minderung

© Springer Fachmedien Wiesbaden GmbH 2018
V. Crastan, *Klimawirksame Kennzahlen für Amerika*, essentials,
https://doi.org/10.1007/978-3-658-20439-6_3

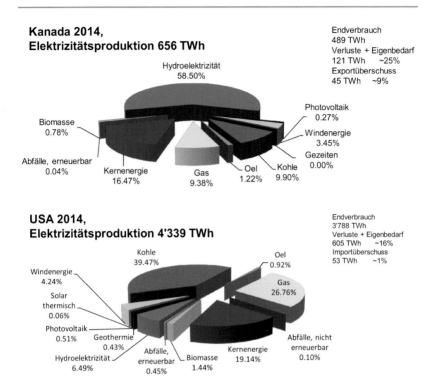

**Kanada 2014,**
**Elektrizitätsproduktion 656 TWh**

Endverbrauch
489 TWh
Verluste + Eigenbedarf
121 TWh    ~25%
Exportüberschuss
45 TWh    ~9%

Hydroelektrizität
58.50%

Photovoltaik
0.27%
Biomasse
0.78%
Windenergie
3.45%
Abfälle, erneuerbar
0.04%
Gezeiten
0.00%
Kernenergie
16.47%
Gas
9.38%
Oel
1.22%
Kohle
9.90%

**USA 2014,**
**Elektrizitätsproduktion 4'339 TWh**

Endverbrauch
3'788 TWh
Verluste + Eigenbedarf
605 TWh    ~16%
Importüberschuss
53 TWh    ~1%

Kohle
39.47%
Oel
0.92%
Windenergie
4.24%
Gas
26.76%
Solar
thermisch
0.06%
Photovoltaik
0.51%
Geothermie
0.43%
Abfälle,
erneuerbar
0.45%
Biomasse
1.44%
Kernenergie
19.14%
Abfälle, nicht
erneuerbar
0.10%
Hydroelektrizität
6.49%

**Abb. 3.1**  Anteile der Energieträger an der Elektrizitätsproduktion Kanadas und der USA

**Tab. 3.1**  Anteile der erneuerbaren und $CO_2$-armen Energien

|                    | Erneuerbare Energien (%) | $CO_2$-arme Energien (%) |
|--------------------|--------------------------|--------------------------|
| Kanada             | 63                       | 80                       |
| Vereinigte Staaten | 14                       | 33                       |

des $CO_2$-Ausstoßes effizient (Abb. 3.3 und Abschn. 3.3). Der Elektrifizierungsgrad (Anteil der Elektrizität an der Endenergie) ist 2014 mit 19 % recht gut und
nähert sich der 20 % Marke für Schwellenländer (als Vergleich: Westeuropa 25 %,
USA + Kanada 24 %).

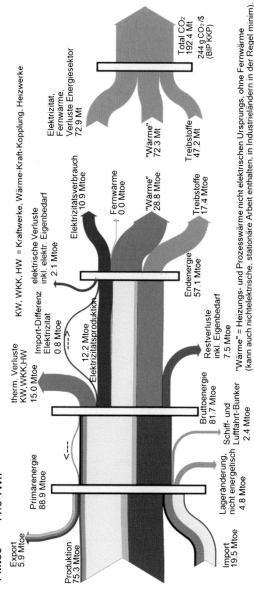

**Abb. 3.2** Argentinien: Energiefluss im Energiesektor von der Primärenergie zur Endenergie und $CO_2$-Ausstoß. Die Energieträgerfarben sind wie in Abb. 1.8 und 1.10 (Erdöl dunkelbraun, Erdölprodukte hellbraun).

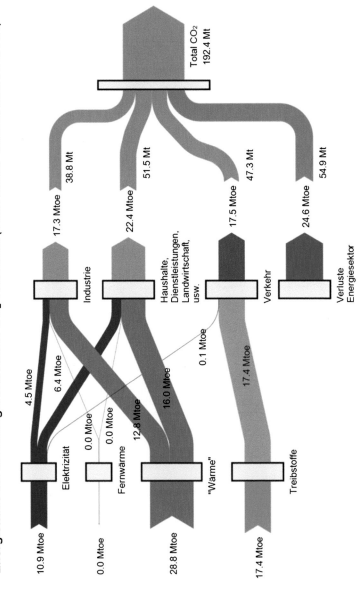

**Abb. 3.3** Argentinien: Energiefluss der Endenergie zu den Endverbrauchern und zugeordnete $CO_2$-Emissionen

## 3.2.2   Energieflüsse in Kolumbien (Abb. 3.4 und 3.5), Einwohnerzahl 48 Mio

Kolumbien ist ein bedeutender Exporteur von Kohle und Öl. Eine starke Diversifizierung der Wirtschaft ist notwendig. Der interne Energiefluss ist bezüglich $CO_2$ vorerst noch recht nachhaltig (drittbester Rang Südamerikas, Abb. 1.31). Eine Verstärkung des Kohleeinsatzes sollte vermieden werden (Abb. 3.4 und 3.8). Durch den Einsatz erneuerbarer Energien (neben Wasserkraft auch Sonne, Wind und Geothermie) sollte es möglich sein, die mit 145 g $CO_2$/kWh recht gute $CO_2$-Intensität des Energiesektors (s. auch Abschn. 3.3) weiter zu verbessern. Eine Elektrifizierung des Verkehrs wäre bereits jetzt sehr sinnvoll. Der Elektrifizierungsgrad (Anteil der Elektrizität an der Endenergie) von 17 % in 2014, ist für ein Entwicklungsland vielversprechend.

## 3.2.3   Energieflüsse in Venezuela (Abb. 3.6 und 3.7), Einwohnerzahl 31 Mio

Für Venezuela sind Ölexporte lebenswichtig und Öl dominiert auch den internen Energiefluss (Abb. 3.6). Bezüglich $CO_2$-Nachhaltigkeit hat Venezuela mit 310 g $CO_2$/\$ den letzten Platz der Rangliste Südamerikas (Abb. 1.31), dies trotz der relativ $CO_2$-armen stark auf Wasserkraft basierenden Elektrizitätsproduktion (Abb. 3.8). Hauptgrund ist die schlechte Energieeffizienz (s. auch Abschn. 3.3) mit hohen Emissionen der Restverluste (Ölindustrie, Raffinerien). Die verstärkte Elektrifizierung des Landes (der Elektrifizierungsgrad beträgt in 2014 ca. 16 %) könnte, bei stärkerer politischer Stabilität, Fortschritt bringen, aber nur mit mehr erneuerbaren Energien zur Elektrizitätsproduktion (Wind und Sonne, auch Geothermie hat ein großes Potenzial).

## 3.2.4   Elektrizitätsproduktion und -verbrauch in Argentinien, Kolumbien und Venezuela (Abb. 3.8)

Elektrizitätsproduktion und -verbrauch sowie Energieflüsse von Mexiko und Brasilen sind in Kap. 1 gegeben worden, ebenso die Energieflüsse des restlichen Mittel- und Südamerika.

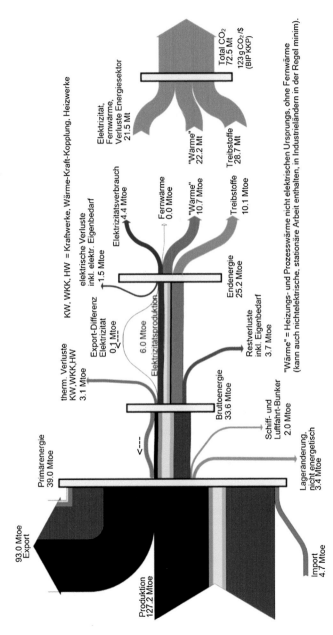

**Kolumbien, 2014**
**Energiefluss im Energiesektor und totale CO$_2$-Emissionen (ohne Schiff- und Luftfahrt-Bunker)**
**1 Mtoe ~ 11.6 TWh**

**Abb. 3.4**  Kolumbien: Energiefluss im Energiesektor von der Primärenergie zur Endenergie und CO$_2$-Ausstoß. Die Energieträgerfarben sind wie in Abb. 1.8 und 1.10 (Erdöl dunkelbraun, Erdölprodukte hellbraun)

**Kolumbien, 2014**
**Energiefluss der Endenergie und totaler CO₂-Ausstoss (ohne Schiff- und Luftfahrt-Bunker)**

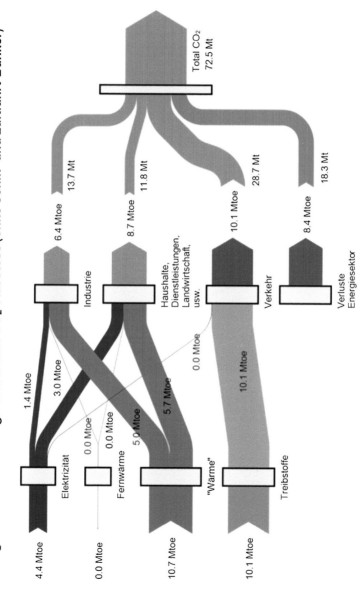

**Abb. 3.5** Kolumbien: Energiefluss der Endenergie zu den Endverbrauchern und zugeordnete CO₂-Emissionen

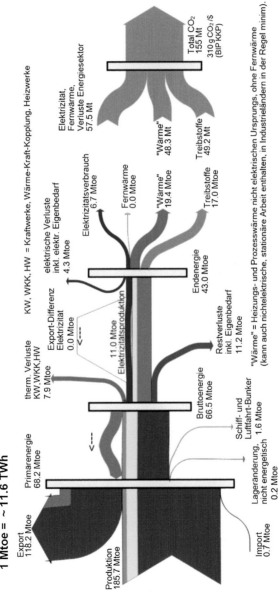

**Venezuela, 2014**
**Energiefluss im Energiesektor und totale CO₂-Emissionen (ohne Schiff- und Luftfahrt-Bunker)**
**1 Mtoe = ~ 11.6 TWh**

KW, WKK, HW = Kraftwerke, Wärme-Kraft-Kopplung, Heizwerke

Primärenergie
68.2 Mtoe

Export
118.2 Mtoe

therm. Verluste
KW,WKK,HW
7.9 Mtoe

elektrische Verluste
inkl. elektr. Eigenbedarf
4.3 Mtoe

Elektrizität,
Fernwärme,
Verluste Energiesektor
57.5 Mt

Export-Differenz
Elektrizität
0.0 Mtoe

Elektrizitätsverbrauch
6.7 Mtoe

Fernwärme
0.0 Mtoe

"Wärme"
19.4 Mtoe

"Wärme"
48.3 Mt

Treibstoffe
17.0 Mtoe

Treibstoffe
49.2 Mt

11.0 Mtoe
Elektrizitätsproduktion

Endenergie
43.0 Mtoe

Bruttoenergie
66.5 Mtoe

Restverluste
inkl. Eigenbedarf
11.2 Mtoe

Total CO₂
155 Mt

310 g CO₂ /$
(BIP KKP)

Schiff- und
Luftfahrt-Bunker   1.6 Mtoe

Lageränderung,
nicht energetisch
0.2 Mtoe

Import
0.7 Mtoe

Produktion
185.7 Mtoe

**Abb. 3.6** Venezuela: Energiefluss im Energiesektor von der Primärenergie zur Endenergie und CO₂-Ausstoß. Die Energieträgerfarben sind wie in Abb. 1.8 und 1.10 (Erdöl dunkelbraun, Erdölprodukte hellbraun).

"Wärme" = Heizungs- und Prozesswärme nicht elektrischen Ursprungs, ohne Fernwärme (kann auch nichtelektrische, stationäre Arbeit enthalten, in Industrieländern in der Regel minim).

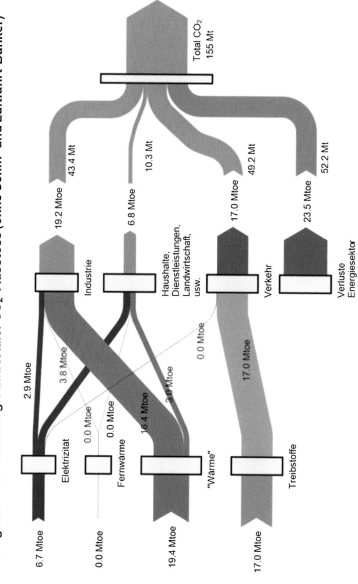

**Venezuela, 2014**
**Energiefluss der Endenergie und totaler CO$_2$-Ausstoss (ohne Schiff- und Luftfahrt-Bunker)**

**Abb. 3.7** Venezuela: Energiefluss der Endenergie zu den Endverbrauchern und zugeordnete CO$_2$-Emissionen

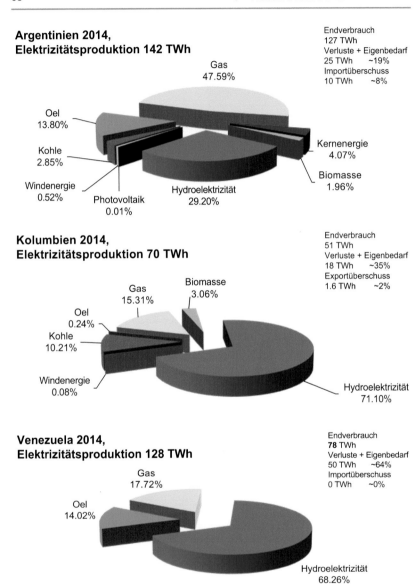

**Argentinien 2014,**
**Elektrizitätsproduktion 142 TWh**

Endverbrauch
127 TWh
Verluste + Eigenbedarf
25 TWh　　~19%
Importüberschuss
10 TWh　　~8%

Gas
47.59%

Oel
13.80%

Kohle
2.85%

Windenergie
0.52%

Photovoltaik
0.01%

Hydroelektrizität
29.20%

Kernenergie
4.07%

Biomasse
1.96%

**Kolumbien 2014,**
**Elektrizitätsproduktion 70 TWh**

Endverbrauch
51 TWh
Verluste + Eigenbedarf
18 TWh　　~35%
Exportüberschuss
1.6 TWh　　~2%

Gas
15.31%

Biomasse
3.06%

Oel
0.24%

Kohle
10.21%

Windenergie
0.08%

Hydroelektrizität
71.10%

**Venezuela 2014,**
**Elektrizitätsproduktion 128 TWh**

Endverbrauch
**78** TWh
Verluste + Eigenbedarf
50 TWh　　~64%
Importüberschuss
0 TWh　　~0%

Gas
17.72%

Oel
14.02%

Hydroelektrizität
68.26%

**Abb. 3.8** Anteile der Energieträger an der Elektrizitätsproduktion Argentiniens, Kolumbiens und Venezuelas. Typisch für Südamerika ist der hohe Beitrag der Wasserkraft (Argentinien ist etwas weniger nachhaltig)

## 3.3 Tabellen und Kommentare zu Indikatoren und $CO_2$-Intensitäten gewichtiger Länder des Kontinents

Die Tab. 3.2, 3.3, 3.4, 3.5, 3.6, 3.7 und 3.8 geben die **Energieintensität** und die **Emissionen pro Kopf** sowie die detaillierten Werte der **$CO_2$-Intensitäten der Endenergien und der Endverbraucher** für die demografisch gewichtigsten Länder (zusammen 83 % der Bevölkerung Amerikas).

**Tab. 3.2**   USA, (Energieintensität 1,52 kWh/US$, Emissionen 16,2 t $CO_2$/Kopf)

| Energieart (Abb. 1.11) | g $CO_2$/kWh | Verbraucher (Abb. 1.12) | g $CO_2$/kWh |
|---|---|---|---|
| Wärme (ohne Elektr.) | 193 | Industrie | 191 |
| Treibstoffe | 243 | Haushalte etc. | 194 |
| Energiesektor | 203 | Verkehr | 243 |
| Total | **213** | Verluste Energiesektor | 209 |

**Tab. 3.3**   Kanada, (Energieintensität 2,04 kWh/US$, Emissionen 15,6 t $CO_2$/Kopf)

| Energieart (Abb. 1.13) | g $CO_2$/kWh | Verbraucher (Abb. 1.14) | g $CO_2$/kWh |
|---|---|---|---|
| Wärme (ohne Elektr.) | 207 | Industrie | 148 |
| Treibstoffe | 279 | Haushalte etc. | 160 |
| Energiesektor | 125 | Verkehr | 278 |
| Total | **185** | Verluste Energiesektor | 157 |

**Tab. 3.4**   Mexiko, (Energieintensität 1,07 kWh/US$, Emissionen 3,6 t $CO_2$/Kopf)

| Energieart (Abb. 1.15) | g $CO_2$/kWh | Verbraucher (Abb. 1.16) | g $CO_2$/kWh |
|---|---|---|---|
| Wärme (ohne Elektr.) | 184 | Industrie | 194 |
| Treibstoffe | 242 | Haushalte etc. | 159 |
| Energiesektor | 192 | Verkehr | 242 |
| Total | **204** | Verluste Energiesektor | 200 |

**Tab. 3.5** Brasilien, (Energieintensität 1,10 kWh/US\$, Emissionen 2,3 t $CO_2$/Kopf)

| Energieart (Abb. 1.19) | g $CO_2$/kWh | Verbraucher (Abb. 1.20) | g $CO_2$/kWh |
|---|---|---|---|
| Wärme (ohne Elektr.) | 127 | Industrie | 106 |
| Treibstoffe | 208 | Haushalte etc. | 101 |
| Energiesektor | 105 | Verkehr | 207 |
| Total | **143** | Verluste Energiesektor | 134 |

**Tab. 3.6** Argentinien, (Energieintensität 1,21 kWh/US\$, Emissionen 4,5 t $CO_2$/Kopf)

| Energieart (Abb. 3.3) | g $CO_2$/kWh | Verbraucher (Abb. 3.4) | g $CO_2$/kWh |
|---|---|---|---|
| Wärme (ohne Elektr.) | 216 | Industrie | 194 |
| Treibstoffe | 234 | Haushalte etc. | 198 |
| Energiesektor | 177 | Verkehr | 234 |
| Total | **203** | Verluste Energiesektor | 192 |

**Tab. 3.7** Kolumbien, (Energieintensität 0,66 kWh/US\$, Emissionen 1,5 t $CO_2$/Kopf)

| Energieart (Abb. 3.5) | g $CO_2$/kWh | Verbraucher (Abb. 3.6) | g $CO_2$/kWh |
|---|---|---|---|
| Wärme (ohne Elektr.) | 179 | Industrie | 185 |
| Treibstoffe | 245 | Haushalte etc. | 116 |
| Energiesektor | 145 | Verkehr | 245 |
| Total | **186** | Verluste Energiesektor | 188 |

**Tab. 3.8** Venezuela, (Energieintensität 1,55 kWh/US\$, Emissionen 5,1 t $CO_2$/Kopf)

| Energieart (Abb. 3.7) | g $CO_2$/kWh | Verbraucher (Abb. 3.8) | g $CO_2$/kWh |
|---|---|---|---|
| Wärme (ohne Elektr.) | 215 | Industrie | 194 |
| Treibstoffe | 249 | Haushalte etc. | 130 |
| Energiesektor | 164 | Verkehr | 249 |
| Total | **201** | Verluste Energiesektor | 192 |

Dazu folgende Kommentare:

- Die $CO_2$-Intensität des **Energiesektors** wird stark vom Grad der **$CO_2$-Freiheit der Elektrizitätserzeugung** beeinflusst. Beste Werte (<150 g $CO_2$/kWh) in Brasilien, Kanada, Kolumbien. Eine $CO_2$-arme Elektrizitätserzeugung ist die beste und dringendste Maßnahme, neben der Verminderung der Energieintensität, zur Verbesserung der $CO_2$-Nachhaltigkeit und Erreichung der Klimaziele.
- In den genannten Ländern liegt die **$CO_2$-Intensität des Energiesektors** (weitgehend von derjenigen der Elektrizität bestimmt) bei weniger als 60 % derjenigen des **Verkehrssektors.** Eine verbreitete **Elektrifizierung** des Verkehrs (Bahnen, Elektro- und Hybridautos) würde dann stark zur Verbesserung der $CO_2$-Nachhaltigkeit beitragen.
- Der Einsatz von **Wärmepumpen** ist allgemein sehr sinnvoll, da der Anteil an $CO_2$-freier Umweltenergie meistens bei etwa 75 % liegt. Somit helfen Wärmepumpen die $CO_2$-Intensität des Wärmebereichs selbst dann zu reduzieren, wenn die $CO_2$-Intensität des Energiesektors sogar über derjenigen des Wärmesektors liegt (wie in den USA und Mexiko).
- Die **Energieintensität** ist ein weiterer wichtiger Indikator. Er hängt von der **Effizienz des Energieeinsatzes** ab. Vor allem in Kanada (>2 kWh/US$), aber auch in Venezuela und den USA (>1,5 kWh/US$), muss die Energieintensität deutlich vermindert werden, Amerika sollte insgesamt einen Wert unter 1,1 kWh/US$ BIP(KKP) anpeilen (Abschn. 1.6).
- Der **Indikator der $CO_2$-Nachhaltigkeit** (g $CO_2$/$) ist das Produkt von Energieintensität und $CO_2$-Intensität der Energie.

In den **USA,** als gewichtigster Land Amerikas, hat die $CO_2$-Nachhaltigkeit mit 1.52 kWh/US$ * 213 g $CO_2$/kWh = 323 g $CO_2$/$ einen erheblichen Nachholbedarf. (als Vergleich Westeuropa: 0.95 kWh/US$ * 175 g $CO_2$/kWh = 167 g $CO_2$/$, [10], Band 1 der Reihe). Die **Emissionen pro Kopf** in t $CO_2$/Kopf und Jahr ergeben sich als Produkt von Index der $CO_2$-Nachhaltigkeit und Wohlstandsindikator ($/Kopf und Jahr):

t $CO_2$/Kopf, a = g $CO_2$/$ * $/Kopf, a/$10^6$.

Im Jahr 2014 waren, in USA + Kanada, das mittlere kaufkraftbereinigte Bruttoinlandprodukt **49.000 US$/Kopf** und die $CO_2$-Emissionen **16,1 t/Kopf,** entsprechend einem Index der $CO_2$-Nachhaltigkeit von **328 g $CO_2$/$.** Um bis 2050 eine für das 2 °C-Klimaziel notwendige Reduktion der $CO_2$-Emissionen auf **3 t/Kopf** zu erzielen (s. Abschn. 2.1 und 2.2), muss, bei einer Zunahme des BIP (KKP) auf z. B. **60.000 US\$/Kopf,** der Index der $CO_2$-Nachhaltigkeit auf **50 g $CO_2$/\$** gesenkt werden (Tab. 3.6, 3.7 und 3.8).

In Lateinamerika (Mittel- + Südamerika, inklusive Mexiko) waren 2014: das mittlere BIP (KKP) etwa **14.000 US\$/Kopf** und die $CO_2$-Emissionen **2,7 t/ Kopf,** entsprechend einem Index der $CO_2$-Nachhaltigkeit von **193 g $CO_2$/\$.** Um bis 2050 eine für das Klimaziel notwendige Reduktion der $CO_2$-Emissionen auf **1,0 t/Kopf** zu erzielen (s. Abschn. 2.3 bis 2.6), muss, bei einer Zunahme des BIP (KKP) auf z. B. **20.000 US\$/Kopf,** der Index der $CO_2$-Nachhaltigkeit auf **50 g $CO_2$/\$** vermindert werden.

# Literatur

1. Crastan, V. (2017). *Elektrische Energieversorgung 2* (4. Aufl.). Wiesbaden: Springer.
2. Crastan, V. (2016). *Weltweiter Energiebedarf und 2-Grad-Klimaziel, Analyse und Handlungsempfehlungen*. Wiesbaden: Springer.
3. Crastan, V. (2016). *Weltweite Energiewirtschaft und Klimaschutz*. Wiesbaden: Springer.
4. IEA, International Energy Agency. (2016). *Statistics & balances*, www.iea.org. October 2016.
5. IMF. (2016). *WEO Databases*. www.imf.org. October 2016.
6. IPCC (Intergovernmental Panels on Climate Change). (2013). *5. Bericht, Working Group I*, September 2013.
7. IPCC. (2014). *5. Bericht, Working Group II*, März 2014.
8. IPCC. (2014). *5. Bericht, Working Group III*, April 2014.
9. Steinacher, M., Joos, F., & Stocker, T. F. (2013). Allowable carbon emissions lowered by multiple climate targets. *Nature, 11*(499), 197–201.
10. Crastan, V. (2017). *Klimawirksame Kennzahlen für Europa und Eurasien*. Wiesbaden: Springer.

© Springer Fachmedien Wiesbaden GmbH 2018
V. Crastan, *Klimawirksame Kennzahlen für Amerika*, essentials,
https://doi.org/10.1007/978-3-658-20439-6

Printed in the United States
By Bookmasters